数控机床主轴系统在线动平衡技术

王　展　张　珂　薛志超　李　洁　著

中国纺织出版社有限公司

内 容 提 要

本书介绍了不平衡振动特征提取的过程和不平衡振动信号的提取方法,结合主轴振动特征提取应用实例验证获取信号的准确性;介绍了在线动平衡调控技术和动平衡平计算方法,并对影响系数法对主轴系统的动平衡调控效果进行应用实例分析,对影响动平衡效果的因素进行实验测试以验证动平衡稳定性。最后,对动平衡质量补偿策略以及质量补偿优化方案进行设计,通过动平衡调控实验验证质量补偿策略优化的效果。

本书适合从事转子在线动平衡、数控机床主轴系统等相关领域的高校教师、博士研究生、硕士研究生阅读,也适合从事机械振动、旋转机械故障诊断等方向的相关科研及技术人员参考。

图书在版编目(CIP)数据

数控机床主轴系统在线动平衡技术/王展等著. --北京:中国纺织出版社有限公司, 2020.4

ISBN 978-7-5180-7144-9

Ⅰ. ①数… Ⅱ. ①王… Ⅲ. ①数控机床—主轴系统—动平衡—研究 Ⅳ. ①TG659

中国版本图书馆 CIP 数据核字(2019)第 280074 号

责任编辑:孔会云　　特约编辑:陈怡晓　　责任校对:寇晨晨
责任印制:何 建

中国纺织出版社有限公司出版发行
地址:北京市朝阳区百子湾东里 A407 号楼　邮政编码:100124
销售电话:010—67004422　传真:010—87155801
http://www.c-textilep.com
中国纺织出版社天猫旗舰店
官方微博 http://weibo.com/2119887771
三河市宏盛印务有限公司印刷　各地新华书店经销
2020 年 4 月第 1 版第 1 次印刷
开本:710×1000　1/16　印张:8.5
字数:108 千字　定价:88.00 元

前　言

进入21世纪,我国实施振兴装备制造业战略,大型、精密、高速数控装备和数控系统及功能部件列为16项重点振兴领域之一。作为装备制造业的"装备",机床是先进制造技术的载体和装备工业的基本生产手段,是装备制造业的基础设备,一直被业内视为制造业的工作母机。以高速、高精度的数控机床为代表的先进装备制造业,更是衡量一个国家工业现代化的标志。在当前数控机床向高速、高效、高精等方向发展的大环境下,作为高速精密数控机床的核心部件,主轴单元是承载高速切削技术的主体之一,是实现刀具或工件的精密运动并传递金属切削所需能量的重要组件,其精度及性能直接影响高速数控机床整体水平及应用范围。

动平衡技术是决定主轴动态性能、机床加工质量和切削能力的主要因素。由于设计缺陷、材料瑕疵、加工与装配误差、动平衡方法不当以及转子在运行过程中产生转子弯曲和原始平衡状态破坏等原因,主轴中心主惯性轴与旋转轴线不重合而存在一定的偏心距,主轴就产生了质量不平衡。随着主轴的高速旋转,质量不平衡会导致明显的不平衡力,使主轴挠曲变形而产生内应力,并通过轴承传递给数控机床,进而使主轴和机床都产生振动,即使微小的动不平衡量,也会产生很大的离心力,引发振动并对机床的可靠性、使用寿命、加工精度等产生不利影响。因此,动平衡是高速、高精密数控机床产品生产、制造过程中必须解决的一个基本问题,其优劣程度直接决定产品的工作性能和使用寿命,对产品的质量会产生巨大影响。机床主轴在线动平衡是指在不停机的情况下,实时监测机床主轴的振动信号,当不平衡量引起的振动超过允许范围时,由控制系统对动平衡装置发出不平衡量调整信号,实现机床主轴系统的动平衡技术。因此在线动平衡具有其他平衡方法不可替代的优势,是高速、高精密数控机床和加工中心首选的平衡方式。

本书作者在国家自然科学基金(No. 51805337、No. 51675353)的资助下,在数控机床主轴系统在线动平衡技术领域已经开展了五年多的探索和研究。本书主要从数控机床主轴系统不平衡振动特征提取技术、主轴系统在线动平衡调控技术、主轴系统动平衡质量补偿优化技术几个方面阐述动平衡理论,形成了一套完整的数控机床主轴在线动平衡技术理论，并介绍了实际主轴系统动平衡调控过程的应用案例。

本书是在国家大力发展高端装备的背景下编写的，主要以高端数控机床在加工过程中的振动问题为契机，以数控机床主轴系统为对象，开展从高速运转状态下不平衡振动信号的提取，到在线动平衡调控以及质量补偿策略等方面的研究，实现主轴系统运转中振动抑制的目的，共分为 6 章介绍。第 1 章主要介绍主轴在线动平衡技术的背景、意义以及发展的现状，第 2 章主要介绍主轴系统不平衡振动特征提取技术，第 3 章主要介绍了主轴在线动平衡装置与动平衡调控技术，第 4 章主要介绍主轴不平衡特征提取过程应用，第 5 章主要介绍主轴动平衡调控过程和影响动平衡稳定性因素，第 6 章主要介绍主轴动平衡质量补偿优化技术与应用。

作者

2019 年 12 月

目　　录

第1章　绪　论

1.1　引言

数控机床是先进制造行业的基础装备,而主轴是机床的关键部件,它支承并带动工件或刀具完成切削,传递运动和扭矩,其运行情况会直接影响加工质量。对高速主轴而言,不平衡量会产生离心力、振动,这些因素造成主轴系统加工精度降低、使用寿命减少。主轴系统是精密部件,过大的不平衡振动可能引起系统损伤,所以,应用高速主轴在线动平衡技术,实时监测主轴运行状态,抵消主轴不平衡量,实现对主轴精准、快速、高效的平衡,对减少主轴系统故障,确保安全生产具有重要意义。

机床主轴自身产生的振动有三个主要来源,主轴系统共振、不平衡所引起的振动和电主轴的电磁振动。当主轴的工作转频与其自身的固有频率接近时,将会产生共振;当主轴在高速运行中,由于离心力的作用,不平衡质量会引起主轴的振动;本书研究的机械主轴使用带传动,因此电磁振动不予考虑,但与主轴密切相关的电动机和皮带的振动却不容忽视。

在线动平衡检测系统都能实时跟踪、检测显示不平衡量造成的主轴振动,此时,不需要将主轴停机,通过在线动平衡系统就能够在很短时间展开平衡调控,提高主轴回转准确性、减少停机损失率。随着主轴转速不断升高,不平衡引起的振动会更加明显,转速超过一阶临界值,主轴系统将从刚性状态进入柔性状态,这时不能只采用对待刚性转子的平衡方法,主轴动平衡的效果只能在一定转速范围内保持,应减小主轴的支承刚度,降低外在影响,运用柔性轴动平衡调控方法。对离线动平衡技术、在线动平衡技术研究结果表明:离线动平衡技术已十分成熟,但在线内置动平衡技术却比较落后,影响系数法在线动平衡技术在实际应用过程中,得到广泛应用。近年来,以影响系数法为代表的高速主轴技术发展势头迅猛,对在线动平衡调控方法以及平衡装置的开发与创新提供巨大的推动作用。

机床工况复杂,平衡装置需要适应不同工作条件;平衡装置的尺寸应尽量小,对主轴产生的不良影响也要尽量小,而且装置应当平衡快,冲击小,效果稳定,尽量采用动开式,可以更加稳定、节能,并减少干扰。内置电动机驱动式和电磁驱动式在线动平衡装置应用最广泛,其响应能力快速、平衡精度高、适应性和耐用性良好,可以使系统在运转状态下达到要求的平衡状态,这样既提高了生产效率,又可以根据机床工作条件的变化,如在替换不同的刀具或砂轮时,进行实时调整,同时因其内置于主轴中,具有体积小、可移植性强、不影响机床已有结构的优点。

高速主轴在近些年的不断发展以及在中国制造 2025 战略的引领下,以高速主轴为代表的回转类转子的研究和应用越来越多,这就对主轴运转过程中的回转精度、稳定性等各方面提出了更高的要求。

通过主轴不平衡量造成的振动已经成为影响高速主轴回转精度和加工零件表面质量的关键因素。主轴运行过程中产生的振动造成高速主轴等零部件失效,占比达到 60%~70%,对机床主轴而言,经过平衡校正,在回转精度已经达到要求的情况下,长期运行过程中,仍然会因为设计、制造、疲劳磨损、负载冲击等因素引起主轴过大振动、回转精度降低的不平衡状态。

离线动平衡方法通过对高速主轴数次开关机达到精准调试目的,必要时需要将一些零部件拆卸,放到平衡机上平衡调试,这样的烦琐平衡必然会造成调试精度与平衡效率的降低。主轴系统是精密部件,过大的不平衡振动可能引起系统的损伤。所以,应用高速主轴在线动平衡技术,实时监测主轴运行状态,抵消不平衡量,实现快速、高效、精准平衡,对减少机械故障、确保安全生产具有重要意义。

1.2 主轴动平衡技术发展现状

随着中国制造 2025 规划的提出,机械加工装备制造业的发展越来越向高精尖方向发展,对于主轴回转类转子的研究将会逐渐向高速、重载等方向延伸。对国内外动平衡发展的查阅,目前研究和使用广泛的在线动平衡装置见表 1.1,共分三类。

表 1.1 机床主轴在线动平衡装置分类

直接式	间接式	混合式
喷涂式	电磁轴承型	被动式
液体式	电磁圆盘形	机械式
激光去重式	—	电磁式

1.2.1 直接式在线动平衡装置

直接式在线动平衡通过直接方法来达到主轴重心的变化，主要包括喷涂式、液体式、激光去重式。

喷涂式在线动平衡装置的工作原理是将某种黏度较高的物质喷射到主轴上，通过使主轴外部的质量不均匀分布，达到主轴重心的变化，实现主轴的在线动态平衡。

液体式在线动平衡装置的工作原理是利用平衡装置内部结构的动态移动变化而造成重心不同，从而实现主轴的在线动态平衡，液体式装置在磨床行已经得到广泛而普遍的应用，不过在应用时，出现动平衡装置的能力不足问题。因为平衡装置内部的空间比较狭小，而且装置内部的液体存在化学挥发现象，也会导致平衡装置平衡能力不足、精度差等问题。液体式动平衡装置最早在美国专利中出现，图 1.1 为液体式动平衡装置的基本结构，该装置通过将液体喷射到相应的容腔中来实现动平衡，但容腔内部空间有限，限制了平衡装置的平衡能力，在停机后无法保持原来状态。

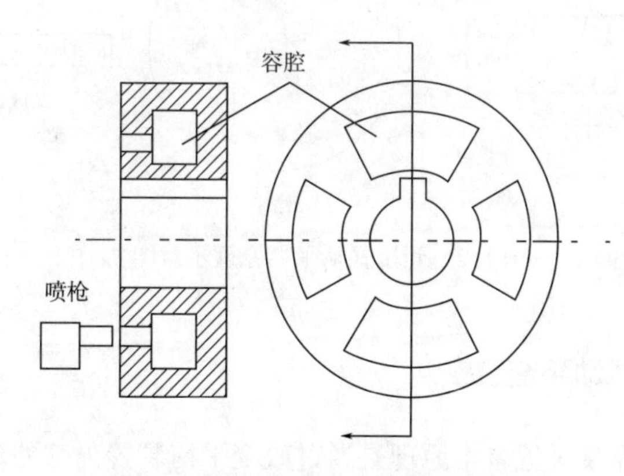

图 1.1 液体式动平衡装置结构示意图

激光去重式在线动平衡装置主要采用激光法,应用激光去重的方法主要有良好的平衡精度、可控性等优点。在应用激光去重方法对主轴进行表面质量去除的过程中,激光束会造成主轴损伤、疲劳极限降低、表面质量下降、寿命缩短等问题。由于存在较大的负面影响,已经很少采用该类装置。

1.2.2 间接式在线动平衡装置

间接式在线动平衡是通过动作器或轴承以间接的方式对主轴等回转类转子进行的调整方法。在平衡装置上的某些部位加持与不平衡力大小相等、方向相反的力,对不平衡量进行消除,达到转子系统的平衡。电磁轴承型和电磁圆盘形在线动平衡装置是两类比较具有代表性和优势的平衡装置。

电磁类型的平衡装置平衡原理是通过在电磁轴承处或平衡圆盘处安放变频器,变频器产生和激发出来的电磁力与主轴类转子的旋转角速度一致,确保受力平衡。在电磁力作用下,转子还需要时刻在回转运行的状态,对于整个主轴系统造成巨大的耗费、磨损,而且平衡头内部构造复杂、价格昂贵。

间接式动平衡装置的基本原理如图 1.2 所示,系统依靠电磁力来给转子长时间提供一个与不平衡力大小相等、方向相反的作用力。按照施力方式的不同,主要分为电磁轴承型和电磁圆盘形两种形式。由于系统一直受到电磁力的作用,不必要能耗很大,所以该类装置应用较少。

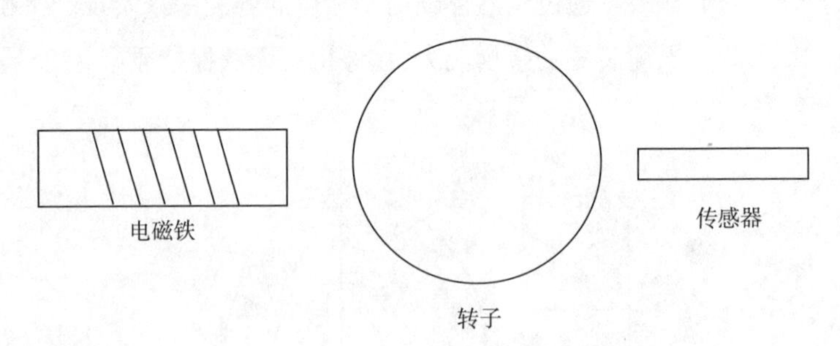

图 1.2 间接式动平衡原理示意图

1.2.3 混合式在线动平衡装置

混合式在线动平衡装置基本原理是通过改变平衡装置内部的质量分布,实现动平衡。根据配重驱动方式不同,主要分为被动式、机械式、电磁式。被动式装置中有环形槽,槽中有带黏性阻尼的质点,可以绕槽做自由运动,在旋转中自适应地降低不平衡。被动式平衡装置最早是由 Thearle 在 1950 年提出的,装置结构简单,可实时调整,但是在主临界转速附近时会引起较大振动。如图 1.3 所示为使用自由旋转钢珠的改进,改善了装置的性能。目前,被动式平衡可以降低振幅到微米级,但是准确建立其数学模型和抑制临界转速时振动的突然加大,仍然是领域内的难点和热点。

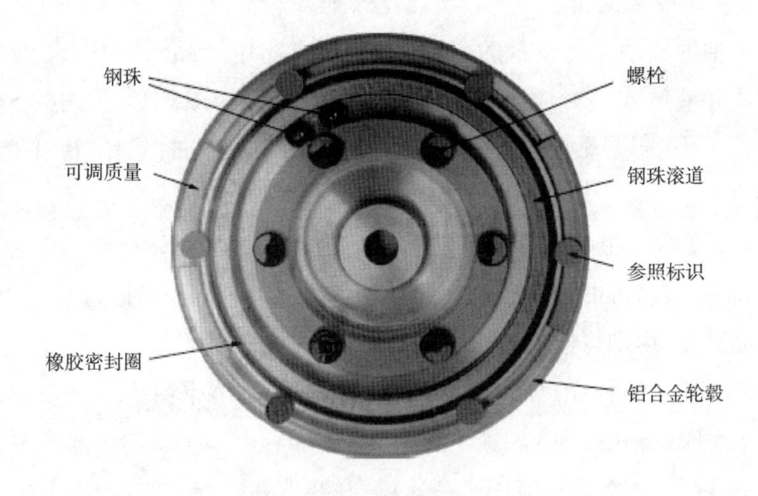

图 1.3 被动式平衡装置

图 1.4 所示为机械式平衡头基本原理,采用电动机移动配重,内部采用涡轮蜗杆、导轨丝杠等结构,装置结构非常复杂,组成部件数量多,设计安装复杂,易损坏,不适用于高速旋转的大型主轴系统。

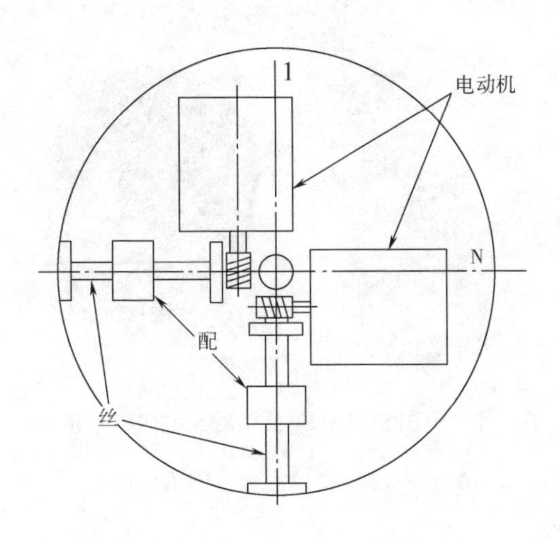

图 1.4 机械式平衡头结构示意图

1.2.4 国内外目前主轴动平衡装置的主要方式

目前,国内进行深入研究的动平衡方式主要有液体式、电动机驱动式、电磁驱动式和纯机械式等,但主轴工作转速一般不是很高,一般在4000r/min以下,而且基本是置于主轴外部的,且处于实验室阶段。

国外主轴内置动平衡技术的研究领先,已有实用产品,其中电动机驱动式、电磁驱动式和液体式三种应用较广。图1.5为美国SCHMITT公司的SBS内置平衡头,用于磨削主轴,平衡能力在100~7000g·cm,适合转速为300~13000r/min。

图1.6为美国Kennametal公司推出的电磁驱动式的,整体自动平衡系统TABS(Total Automatic Balancing System),在刀柄上安装2个平衡环,通过电磁力来调整平衡环的位置,2s内即可使主轴的回转精度到达50nm以下。

图1.7为意大利MARPOSS公司推出的主轴型(ST)平衡头,平衡头的设计是用来安装在磨床主轴中,适合转速1100~6500r/min,可以实现的平衡能力为400~13000g·cm,此外,该公司还有用于高速场合的、带共面配重块的ST平衡头,适用转速为7000~12000r/min,但平衡能力只有70~700g·cm。

图1.5 美国SCHMITT公司的SBS内置平衡头

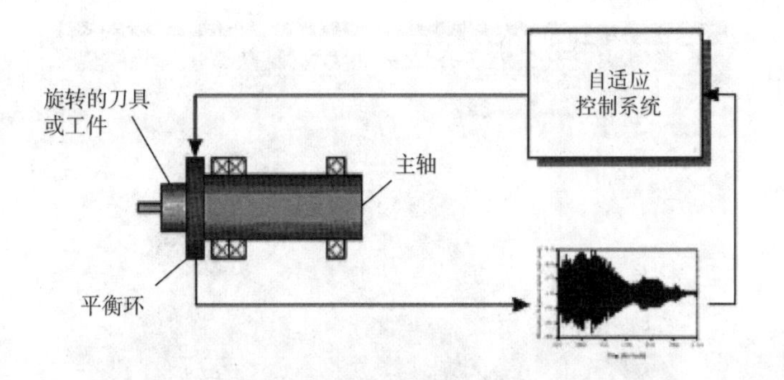

图 1.6 美国 Kennametal 公司推出的自动平衡系统

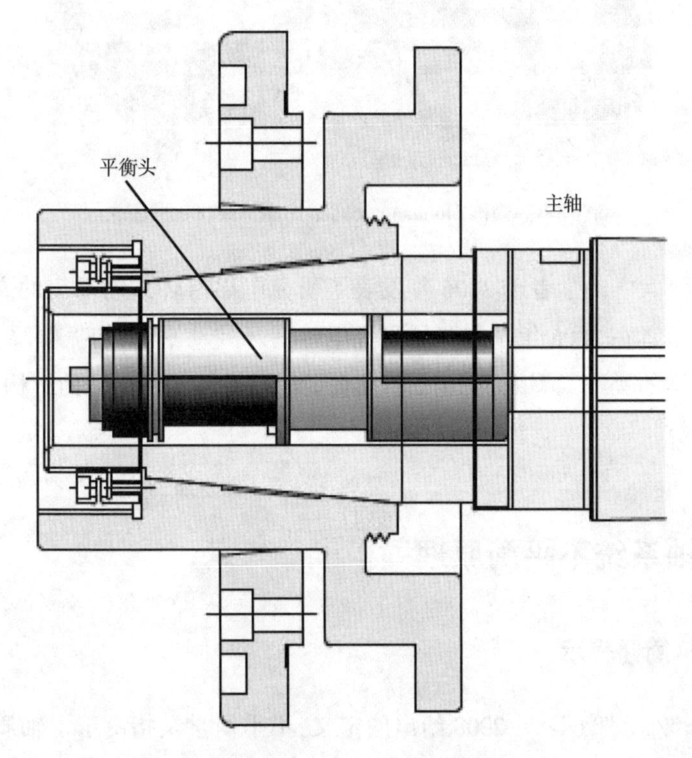

图 1.7 意大利 MARPOSS 公司推出的主轴型(ST)平衡头

图 1.8 为德国 Hofmann 公司推出的电磁滑环式平衡头 AB 9000,该系统适合转速为 200~120000r/min,平衡能力为 100g · mm~3.2kg · m。

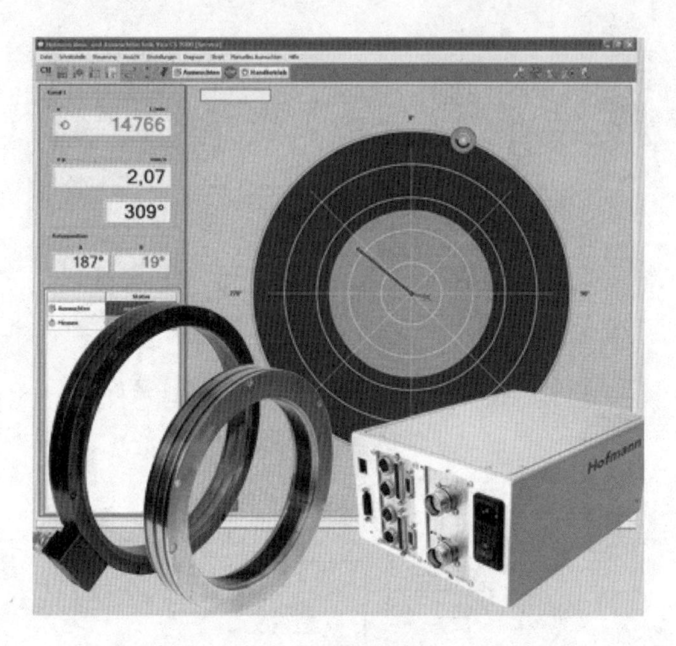

图 1.8　德国 Hofmann 公司推出的 AB9000 平衡头

韩国亚洲大学的学者于 2006 年发表了研究电磁滑环式动平衡的文章。北京化工大学的学者在 2006 年左右开始研究电磁滑环式动平衡,使振幅降低约 80%。西安交通大学的樊红卫等人于 2012 年发表了电磁滑环式平衡头的结构设计,并进行了后续研究。

1.3　主轴系统不平衡原理

1.3.1　不平衡量表示

按照标准 GB/T 6444—2008 给出的定义,不平衡量是指由于主轴质量分布不均匀而产生的不平衡质量和该不平衡质量的质心到轴线之间的距离乘积。

对于主轴而言,它在旋转时会因为不平衡质量的作用而受到偏心离心力。基本受力情况如图 1.9 所示,该离心力可以表示为:

$$F = me\omega^2 = me\left(\frac{\pi n}{30}\right)^2 \tag{1.1}$$

式中:F——惯性离心力,N;

m——不平衡质量,g;

n——主轴转速,r/min;

ω——主轴角速度,rad/s;

e——主轴不平衡质量的偏心距,mm。

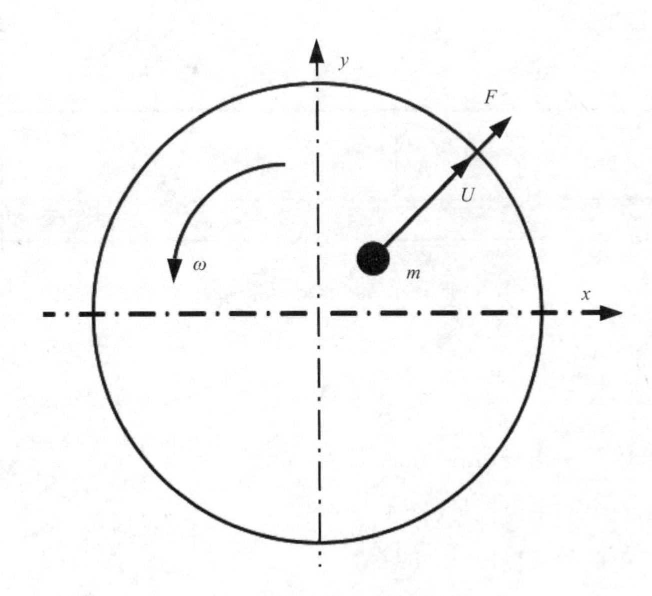

图 1.9 转子受离心惯性力示意图

$$F = U\omega^2 = U\left(\frac{\pi n}{30}\right)^2 \tag{1.2}$$

可见主轴由不平衡质量所引起的惯性离心力与转速及不平衡质量相关。基于杠杆原理,可以对分布在刚性转子上的不平衡进行等效处理,如图 1.10 所示,位于 2 个支撑点之间横梁上的载荷 V,等效于分布在 2 个平行面上的载荷 V_1 和 V_2,公式如下:

$$V_1 = V \times \frac{b}{L} \tag{1.3}$$

$$V_2 = V \times \frac{a}{L} \tag{1.4}$$

式中,a——表示载荷面到左平面的距离,mm;

b——表示载荷面到右平面的距离,mm;

L——表示转子总长度,mm;

V_1,V_2——分别表示左右两端面的有效载荷;

这种方法可以将沿转子分布的所有不平衡矢量,在 2 个选定平面上进行等效处理,得到的矢量和称为合成不平衡。可以得到合成不平衡表示为:

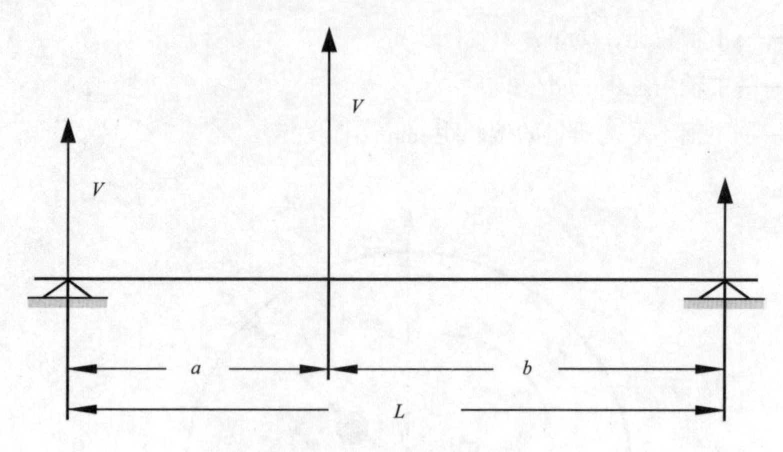

图 1.10　载荷等效处理图

$$U_{\mathrm{r}} = \sum_{k=1}^{K} U_k \tag{1.5}$$

式中：U_{r}——合成不平衡矢量，g·mm；

U_k——第 k 个不平衡矢量，$k=1\sim K$；

K——校正面的数量。

刚性转子的不平衡是由合成的不平衡矢量同合成不平衡矩一起进行完整表示。对一个工况下的高速主轴，将高速主轴当作无数个厚度薄圆盘构成，如图 1.11。

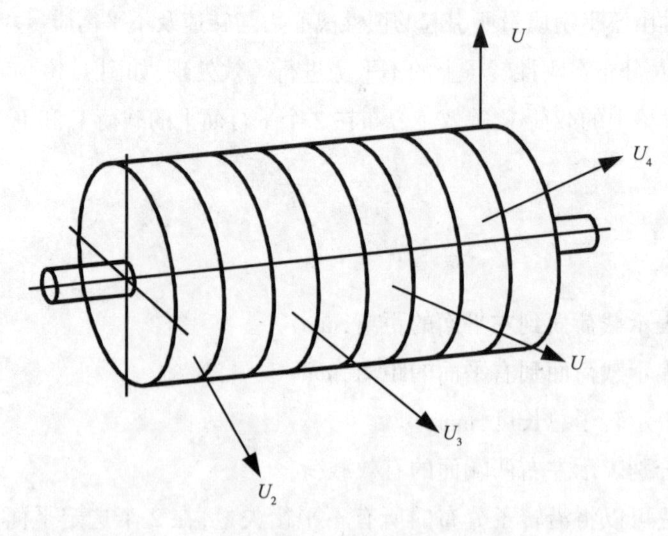

图 1.11　转子的不平衡分布(多面盘模型)

构成主轴的薄圆盘质量良好，旋转中心和主轴质心完全一致，主轴运行时，各个方向离心力为零，主轴状态平衡。如果旋转中心和主轴质心不完全一致，轴运行时，各个方向离心力为不零，将引起转子的不平衡。

1.3.2 不平衡的分类

依据转子的质心、中心主惯性轴和回转轴的关系，可以将转子的不平衡类型分为静不平衡、准静不平衡、偶不平衡、动不平衡四种。

1.3.2.1 静不平衡

转子的中心主惯性轴平行但是偏离于轴线的不平衡状态。如图 1.12 所示，转子的主惯性轴与回转轴线平行但偏离 e，静不平衡多出现于圆盘等轴向长度较小的转子。

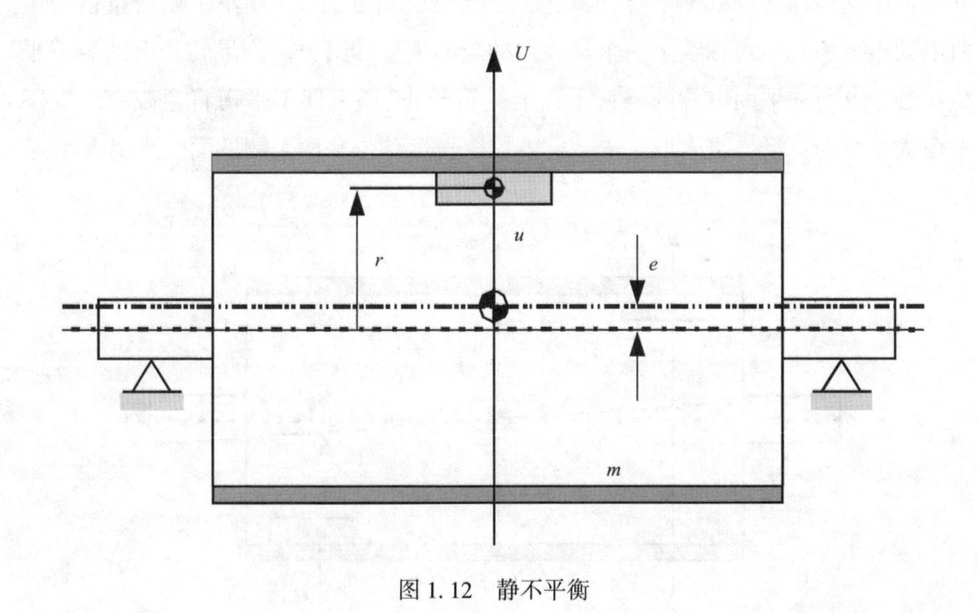

图 1.12 静不平衡

1.3.2.2 准静不平衡

转子的中心主惯性轴与轴线在质心以外的某一点相交的不平衡状态。如图 1.13 所示，转子的主惯性轴与回转轴线不平行，且相交于点 X 处，夹角为 θ，质心偏离回转轴线距离为 e。

1.3.2.3 偶不平衡

转子的中心主惯性轴与轴线在质心相交的不平衡状态。如图 1.14 所示，转子

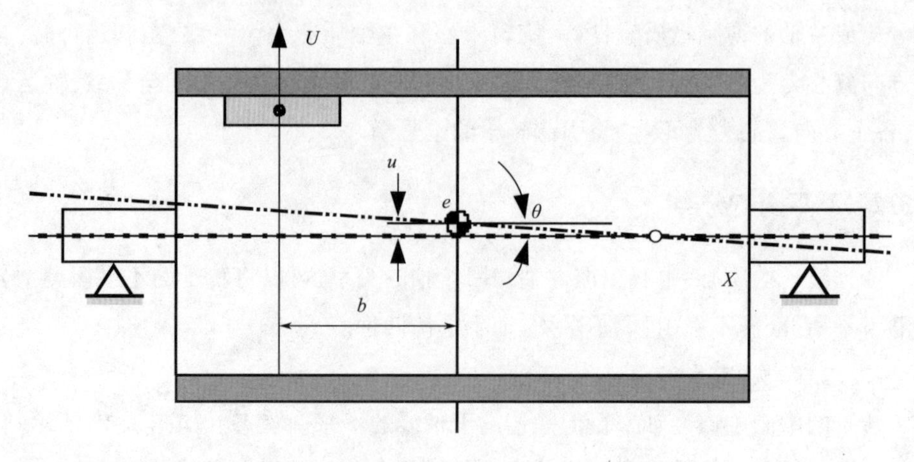

图 1.13　准静不平衡

的主惯性轴与回转轴线不平行，但相交于质心处，角度为 θ。偶不平衡的量值可由两个动不平衡矢量对轴线上一个参考点的矩的矢量和给出。如果转子上的静不平衡在参考点所在平面以外的任何平面上进行校正，那么偶不平衡将会改变。偶不平衡的单位为克平方毫米（$g \cdot mm^2$），第二个长度单位是两个测试面的距离 b。

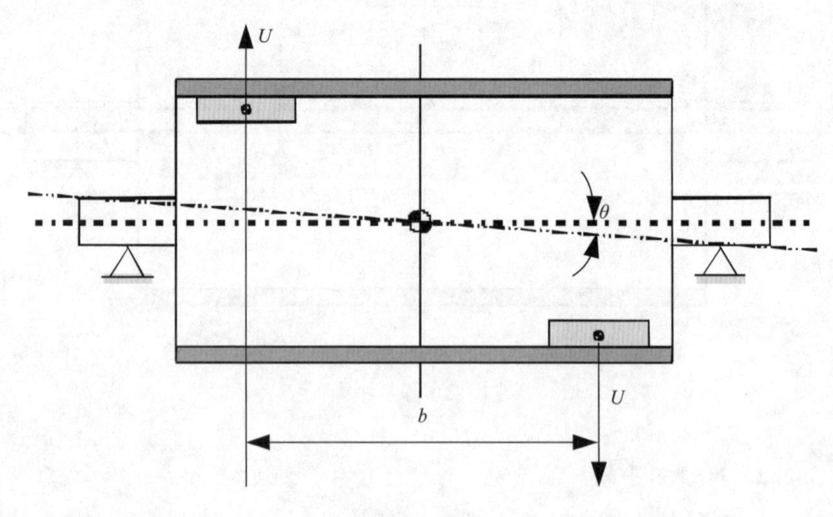

图 1.14　偶不平衡

1.3.2.4　动不平衡

转子的中心主惯性轴相对于轴线处于任意位置的状态。如图 1.15 所示，一般情况下，主惯性轴不与回转轴相交或平行，在特殊情况下（即前三种情况），中心主惯性轴可以与轴线平行或相交。

动不平衡可以由两个等效的不平衡矢量给出,这两个等效的不平衡矢量在两个指定的平面(垂直于轴线)内能完全表示转子总的不平衡量。

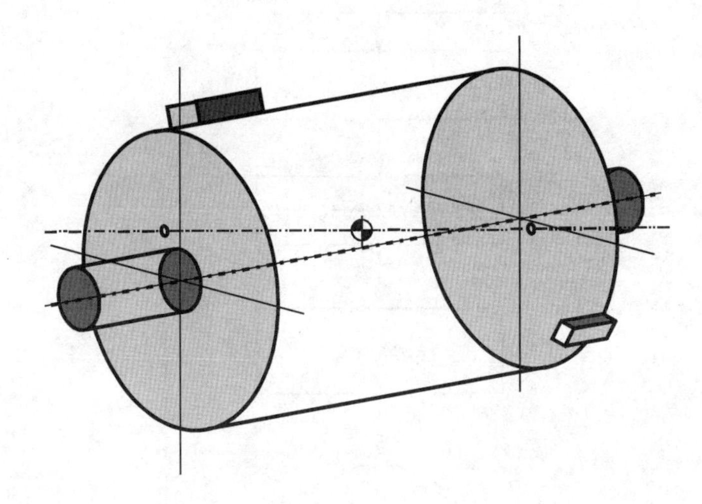

图1.15 动不平衡

1.3.3 校正质量块移动与校正面选择

1.3.3.1 校正质量块移动

根据不平衡量的计算结果,将补偿质量拆分为两个矢量,然后按照矢量结果,将配重盘从原始位置移动到指定位置。主轴旋转方向为顺时针方向,规定角度差正值为逆时针方向,具体流程如图1.16所示。程序开始后首先对补偿量进行矢量拆分,然后计算配重盘移动路径,使配重盘产生步进,直到达到目标位置。计算配盘重所需移动角度,输入补偿量信息,根据平衡头配重盘的平衡能力大小,依据余弦定理,将其拆分为两个矢量,分别分配给两个配重盘,计算出每个配重盘需要移动的角度。

已知配重盘在周向上的位置不是任意的,其步进分度为10°,即配重盘旋转一整周需要36步,期间共有36个位置(编号为0~35)可以停留,这也决定了平衡头的平衡精度。根据配重盘需要移动的角度,可以确定其移动的步数。

1.3.3.2 校正面选择

确定平衡允差时,最好选用规定的参考平面。对于这些参考平面,只要求每个

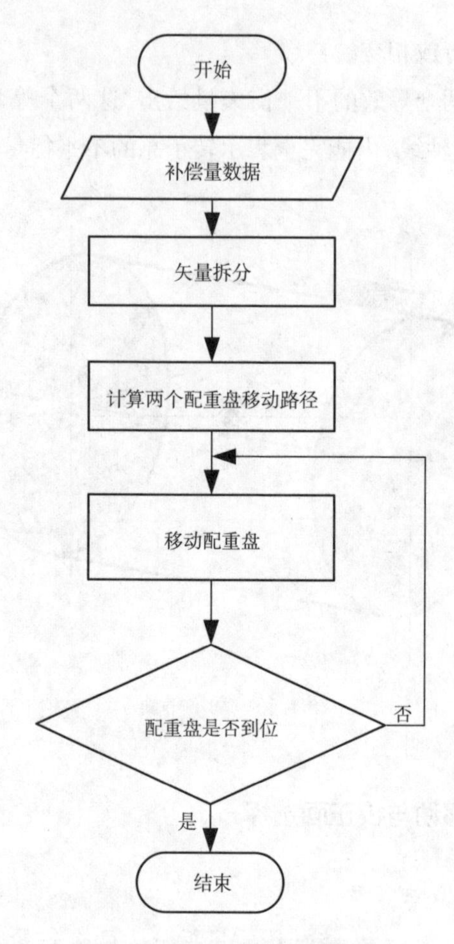

图 1.16　校正质量移动流程图

平面上剩余不平衡量小于各自的允差值,不考虑相位角在何位置。平衡目的就是为了减小转子通过支承传递到外围的力和振动。超出平衡允差的转子需要校正,这些不平衡量的校正,有时不能在选定的允差平面上进行,而不得不在转子方便增加、去除材料或者重新配置材料的平面上进行。所需的校正平面的数目,取决于转子初始不平衡量的大小和分布、转子的设计及校正平面与允差平面的相对位置。

通常,允差平面选择在校正平面以简化运算。对于单面平衡而言,转子可以不旋转,不过出于灵敏度和准确度的考虑,大多数情况下仍然会旋转转子,以使合成不平衡能够被测定。如果刚性转子不满足单面平衡的条件,那么就需要减小不平衡矩。在一般情况下,合成不平衡与合成不平衡矩,两者共同形成了动不平衡。在双平面上的两个不平衡矢量,称为等效不平衡矢量。对于双面动平衡,需要旋转转子,否则无法检测到不平衡矩。尽管刚性转子从技术上进行分析,均可以在两个平面展开平衡,不过同样存在利用多个的校正面。如果合成不平衡不能在双面中的一个(或两个)上进行校正,需要分开校正;在特殊情况下,因为校正平面受到了限制(如在多个配重块上钻孔来校正曲轴),为了保证转子的功能和强度,可能需要沿着转子轴向分散校正。

1.4 本章小结

本章第1节主要介绍了主轴系统在线动平衡的背景,高端数控机床的主轴系统是最核心的部件,其不平衡振动会直接影响其性能,由此可知发展主轴系统的在线动平衡具有重要意义。第2节主要介绍了旋转机械动平衡技术的发展现状,阐述了目前所应用的不同类型动平衡装置。第3节主要介绍了主轴系统不平衡振动产生的机理,转子补平衡的类型。本书内容对于完善在线动平衡理论,改善主轴系统的性能有一定的借鉴意义。

第 2 章　主轴系统不平衡振动特征提取技术

2.1　主轴振动信号噪声的去除

主轴的不平衡是指由于主轴质量分布不均匀使得中心惯性轴和回转轴线不重合而产生的法向惯性力系不平衡。高频干扰主要包括支撑系统固有频率振动干扰、传动机构引起的振动干扰和电动机工频干扰等。低频干扰主要包括外界的突然冲击传感器输出的干扰电信号、电子电路的低频干扰。

小波变换是一种时频局域化分析方法,特点是窗口面积恒定、时域窗口和频域窗口面积都可变化。小波变换具有多项优良特性,在低频率段含有良好频率分辨率和低时间分辨率;但在高频率段有低频率分辨率和高时间分辨率,因此时频窗口自适应变化就保证了时频分析局域性。利用小波变换消除噪声,能够在消除噪声的同时不会破坏信号的突变部分。

2.1.1　小波去除噪声思路

由于小波谱在噪声和振动信号的各个频率上有不一样的特征,所以将各频带上由噪声产生的小波谱分量去掉,那么剩下的就是原来信号的小波谱,上述过程称为小波重构。小波去除噪声重要的步骤在于怎样滤掉噪声产生的小波谱分量。含有噪声的一维信号表示如下:

$$s(i) = f(i) + e(i), i = 0,1,2,3,\cdots,n-1 \tag{2.1}$$

其中,$f(i)$ 表示有用信号,$e(i)$ 表示噪声信号,$s(i)$ 表示含有噪声的信号。

对于 $s(i)$ 展开噪声消除的目的在于控制信号中的噪声部分,在 $s(i)$ 中恢复原来信号。LabVIEW 中小波消除噪声的设计思路及其原理框图如图 2.1 所示。

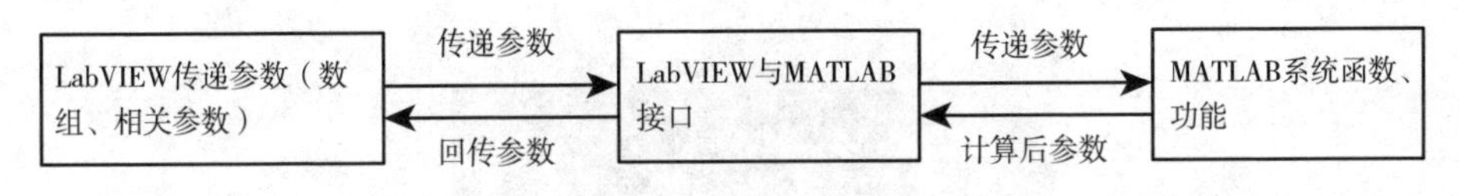

图2.1　LabVIEW中小波去噪声原理框图

2.1.2　小波去除噪声方案

先利用LabVIEW,通过仿真生成含有噪声(高斯白噪声)与正弦信号。这里假定噪声的标准偏差为1,正弦信号幅值为3,信号频率0.3Hz,采样频率10Hz,利用实验数据采集含有噪声的主轴振动信号,两者对比,选择最优的小波噪声方案。利用小波去除噪声函数(wden函数),该函数针对小波噪声消除函数,利用MATLAB脚本节点链接使用MATLAB脚本程序。

利用四种阈值方案小波去除噪声、信噪比、均方根误差的计算,比较阈值的选取对于噪声消除效果的影响,并选出振动信号噪声滤除方式。假设设定原信号为$x(n)$,噪声消除之后信号表示用$x_1(n)$表示,则信号的均方根误差和信噪比可以分别定义如下:

$$\mathrm{SNR}=10\lg\left[\frac{\sum_n x(n)^2}{\sum_n[x(n)-x_1(n)]^2}\right] \tag{2.2}$$

$$\mathrm{RMSE}=\sqrt{\left[\frac{1}{n}\sum_n[x(n)-x_1(n)]^2\right]} \tag{2.3}$$

利用四种阈值方法进行小波去除噪程序,如图2.2所示。仿真条件下四种阈值去除噪声后信号的信噪比和均方根误差对比见表2.1。

对四种阈值方法进行小波去除噪声过程的优劣性判定,主要参数为信噪比和均方根误差。信噪比越高,均方根误差越小,去噪信号就越接近主轴振动的真实信号,噪声的去除效果越好。由表2.1可知,heursure法对于主轴振动过程的噪声去除效果最好,在仿真条件下证明heursure法最优。

在利用实验进行数据采集含有噪声的主轴振动信号实验结果如图2.2所示。在实验条件下获得的结果表明,heursure法对于主轴振动过程的噪声去除效果最好,最接近主轴振动的真实信号。

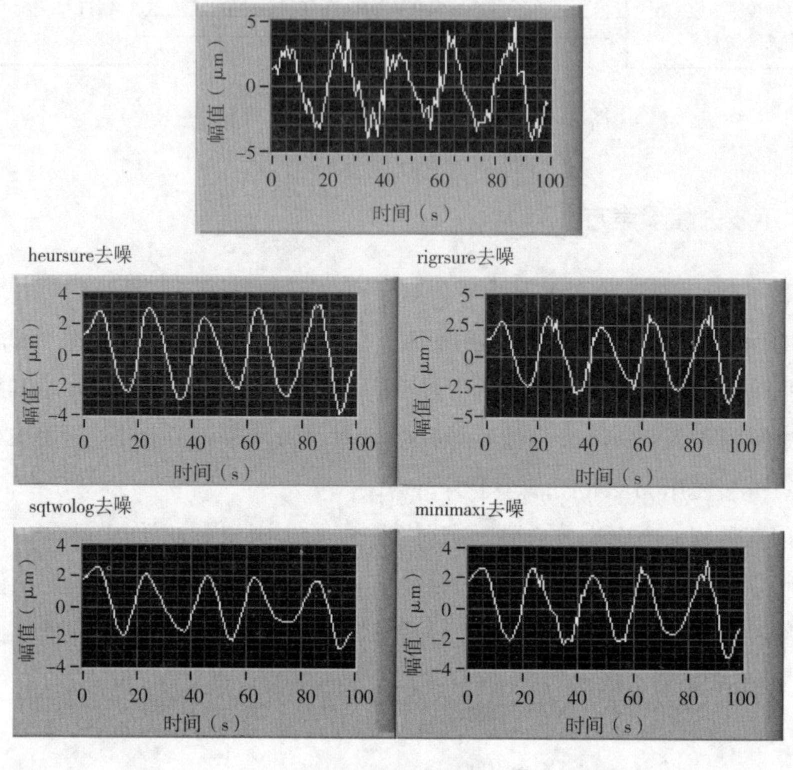

图 2.2　小波去噪声图

表 2.1　四种阈值方法信噪比与均方根误差对比

参数 \ 去噪方法	heursure	rigrsure	sqtwolog	minimaxi
信噪比	13.85	12.81	8.06	10.59
均方根误差	0.48	0.55	0.95	0.71

2.2　主轴振动信号调理技术

数字滤波将处理一种输入信号序列的过程，该过程是通过某一种特定的算法展开，最终会获得符合期望的某一种输出序列。对于有限冲激响应滤波器和无限冲激响应滤波器两种类型的滤波器，都包含低通滤波器、高通滤波器、带通滤波器、带阻滤波器这四种滤波器。对有限冲激响应滤波器和无限冲激响应滤波器划分主要根据的是系统函数对单位样值响应是否为无限长。可以用 N 阶差分方程表示离散系统：

$$y(n) + \sum_{k=1}^{N} b_k y(n-k) = \sum_{r=0}^{M} a_r x(n-r) \tag{2.4}$$

式中：$x(z)$——输入序列；

$y(z)$——输出序列；

k,r——常数；

a_r,b_k——输入系数和输出系数。

其系统函数为：

$$H(z) = \frac{Y(z)}{X(z)} = \frac{\sum_{r=0}^{M} a_r z^{-r}}{1 + \sum_{k=1}^{N} b_k z^{-k}} \tag{2.5}$$

式中：$H(z)$——系统传输函数；

$X(z)$——傅里叶变换后的输入；

$Y(z)$——傅里叶变换后的输出；

M,N——输入与输出的最大除数；

k,r——常数；

n,z——随机变量；

a_r,b_k——输入系统和输出系统。

(1)FIR 数字滤波器

FIR 数字滤波器的系统只是存在零点，冲激响应一小段时间内会瞬间变为为零，输出值与当前值和当前值有关的之前的输入值有关系，所以对于 FIR 数字滤波器的系统而言，该系统和IIR 系统不同，获得 FIR 数字滤波器的系统是稳定的。获得 FIR 字滤波器具有线性相移的优点，同时具有多通带、多阻带。由于 FIR 数字滤波器的幅频响应中存在纹波，所以在设计时候既要满足频率响应还要合理分配纹波。

(2) ⅡR 数字滤波器

对于ⅡR 数字滤波器，在理论上冲激响应时间为无穷，永远持续下去。输出既取决于当前值和以前的输入值，还取决于之前的输出值大小。ⅡR 数字滤波器能够减少对于存储的需求，幅频特性平坦，递归性良好，但存在相位响应非线性现象。ⅡR 数字滤波器设计根植于模拟滤波器，如巴特沃斯、切比雪夫、椭圆、贝塞尔等滤波器等经典模拟滤波器设计方法利用最佳逼近法。

(3)数字滤波器选择

在实际工程应用中,常用的滤波器有巴特沃斯、切比雪夫、反切比雪夫、椭圆、贝塞尔数字滤波器。要在低通、高通、带通、带阻四个滤波器当中选择一个类型。理想情况是,数字滤波器有单位增益的带通,完全不能通过的带阻,并且从带通到带阻的过滤带宽为零。实际情况下,特别是带通到带阻,总会有一个过渡的过程,在某些情况下,需要明确过渡带宽。确定选择哪一种数字滤波器,是 FIR 数字滤波器还是ⅡR 型滤波器,由于两者在设计时完全不同。在选择数字滤波器的时候,需要考虑实际应用过程需求,如是否需要线性的相频响应,是否允许存在纹波,是否需要窄过渡带等因素。图 2.3 显示选择一个滤波器的大致步骤,实际过程中,需要多次实验才能够确定出最合适类型的滤波器。

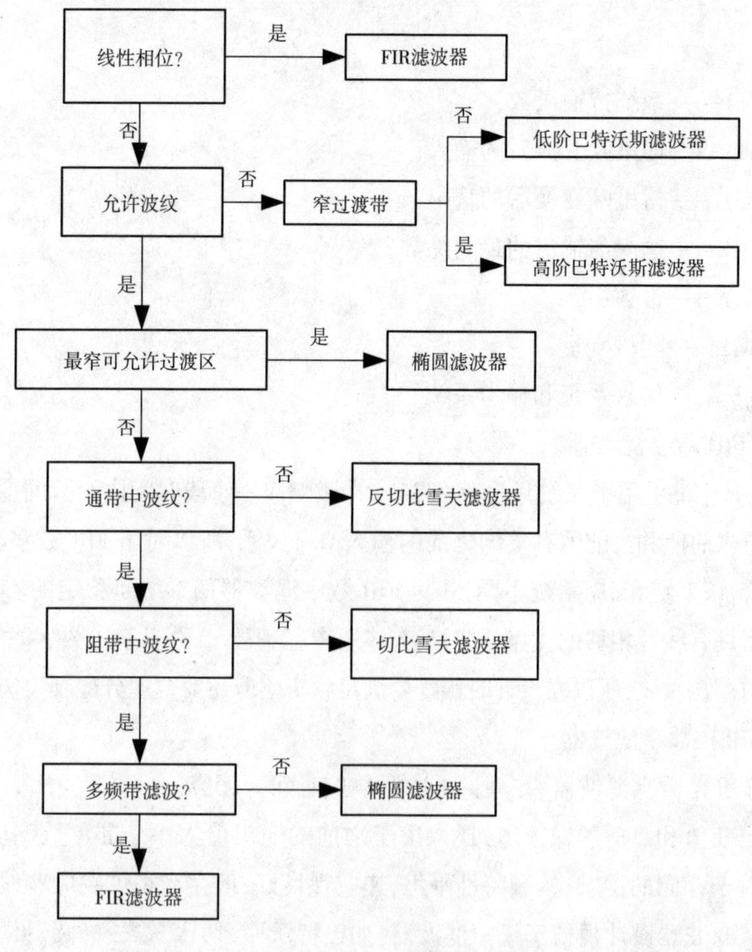

图 2.3　数字滤波器选择步骤

小波去除噪声完成后，需要针对振动信号波形展开调理操作，信号的调理是在对其进行分析之前必须准备的一项环节，振动信号的调理过程方法较多，调理过程相对比较烦琐和复杂。振动信号波形展开调理的主要目的是减少上一节中小波噪声未能够完全消除的噪声和高频率真振动谐波信号对于采集信号的干扰。基于LabVIEW 中提供的滤波器展开振动信号波形调理操作，目的在于提高振动信号的信噪比，因此，信号调理过程的优良程度，直接决定着后面对于振动信号分析结果的好坏。对于振动信号调理方法一般有信号滤波、小信号放大、加窗等方法。LabVIEW 中提供的滤波器函数有很多，包括 EXPRESS Ⅵ的滤波器、波形调理Ⅵ滤波器、函数选板中的滤波器Ⅵ三部分，本书重点介绍介绍函数选板中的滤波器Ⅵ。

2.2.1　函数选板滤波器Ⅵ

函数选板中的数字滤波器函数选板提供多种滤波器，提供设计 FIR 和 IIR 滤波器Ⅵ，使用方便，输入相应指标参数就可以，不同的类型滤波器用途也不尽相同。

2.2.1.1　FIR 滤波器

有限冲激响应数字滤波器即 FIR 滤波器，是一种非递归数字滤波器，其输出只是取决于当前和以前的输入值，FIR 滤波器的设计简单，FIR 滤波器容许使用卷积滤除信号，因此，通常能够与输出序列结合有延迟，用下式表示：

$$延迟=\frac{n-1}{2} \tag{2.6}$$

式中：n 是 FIR 滤波器抽头数。

对于 FIR 滤波器的设计，加窗是一项容易、高效技术，加窗技术简单，对 FIR 滤波器加窗设计，是针对一种幅度响应展开一种 FFT 逆变换，对逆变换的最后结果运用一个平滑时域窗进行处理。对于 FIR 滤波器加窗设计，首先构建理想滤波器所具有的一些频率特性响应，其次，计算理想滤波器所具有的一些频率特性响应下，应该含有的一些脉冲响应，为了达到线性相移约束条件和抽头数的中心点对称性，进行脉冲响应截断操作。实现程序如图 2.4 所示。

2.2.1.2　巴特沃斯滤波器

巴特沃斯数字滤波器是一种很著名而且应用非常广泛的滤波器，可以应用在低通、高通、带通、带阻这四种类型中，并且可以为每一种类型设置截止频率。实现程序如图 2.5 所示。

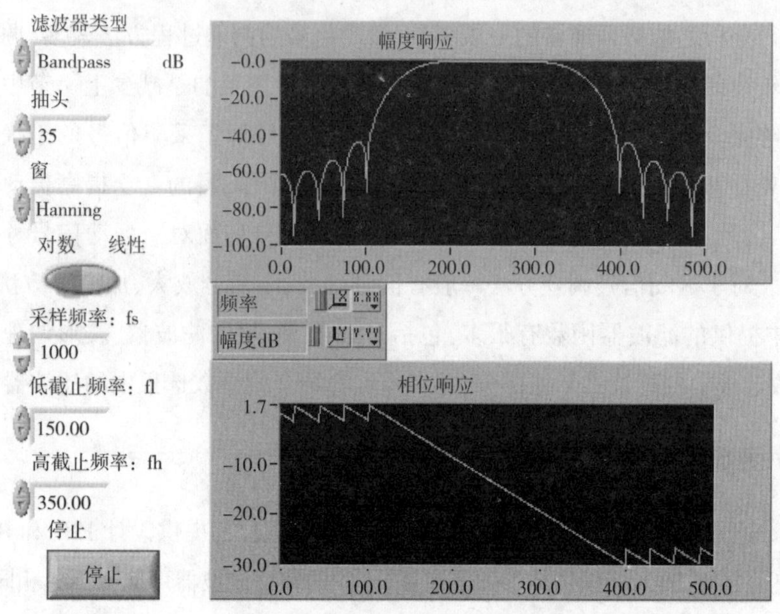

图 2.4　FIR 加窗滤波器前面板

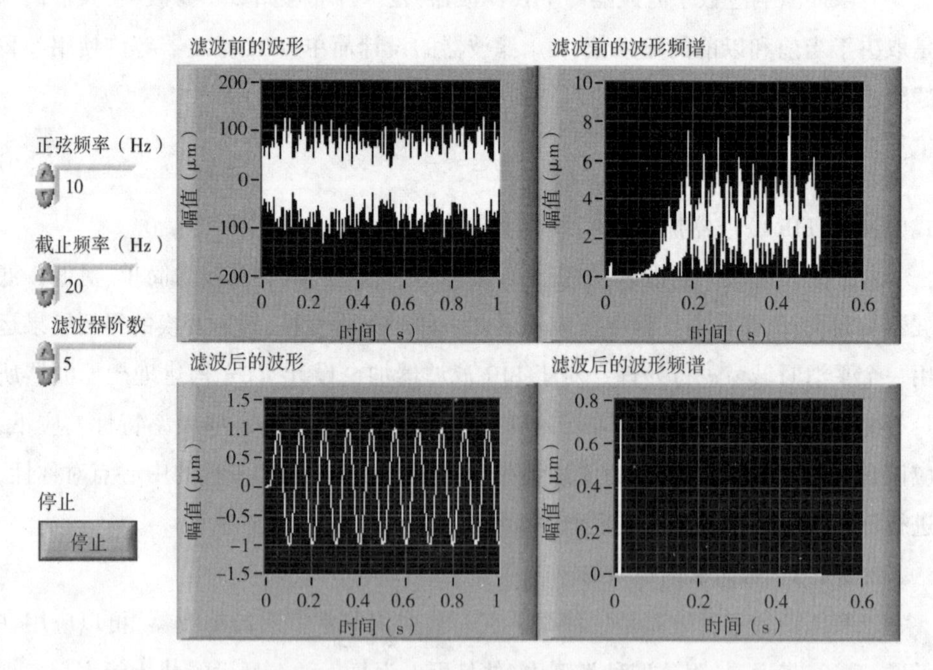

图 2.5　巴特沃斯滤波器正弦波滤波前面板

2.2.1.3 切比雪夫滤波器

切比雪夫数字滤波器是一种常见的应用非常广泛的滤波器,和巴特沃斯数字滤波器类似,也可以将滤波器应用在低通、高通、带通、带阻这四种类型中,并且可以为每一种类型设置截止频率。实现程序如图 2.6 所示。

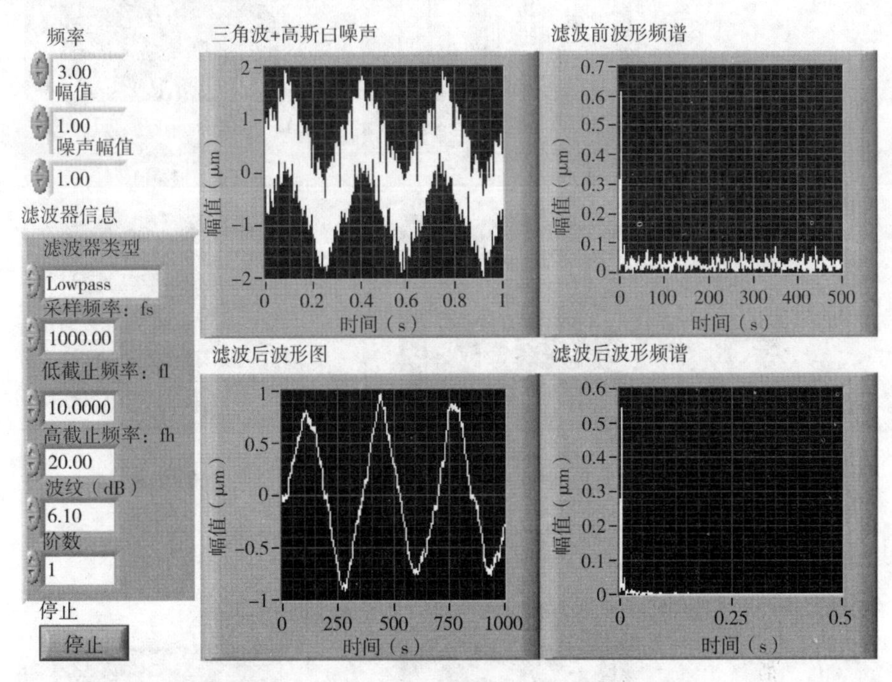

图 2.6 切比雪夫滤波器三角波滤波前面板

2.2.1.4 反切比雪夫滤波器

反切比雪夫数字滤波器是一种常见,应用非常广泛的滤波器,被称为切比雪夫Ⅱ型滤波器,也可以将滤波器应用在低通、高通、带通、带阻这四种类型,并且可以为每一种类型设置截止频率。实现程序如图 2.7 所示。

2.2.1.5 椭圆滤波器

与阶数相同的巴特沃斯数字滤波器、切比雪夫数字滤波器相比较,椭圆滤波器在通带阻带之间的过渡带最为陡峭,因此椭圆数字滤波器应用广泛。实现程序如图 2.8 所示。

2.2.1.6 贝塞尔滤波器

贝塞尔滤波器是利用内塞尔多项式做逼近函数的滤波器,利用贝塞尔滤波器来减小Ⅱ型滤波器固有的非线性相位畸变。Ⅱ型滤波器阶数越高,过渡带越陡峭,非线性相位畸变就会越明显。实现程序如图 2.9 所示。

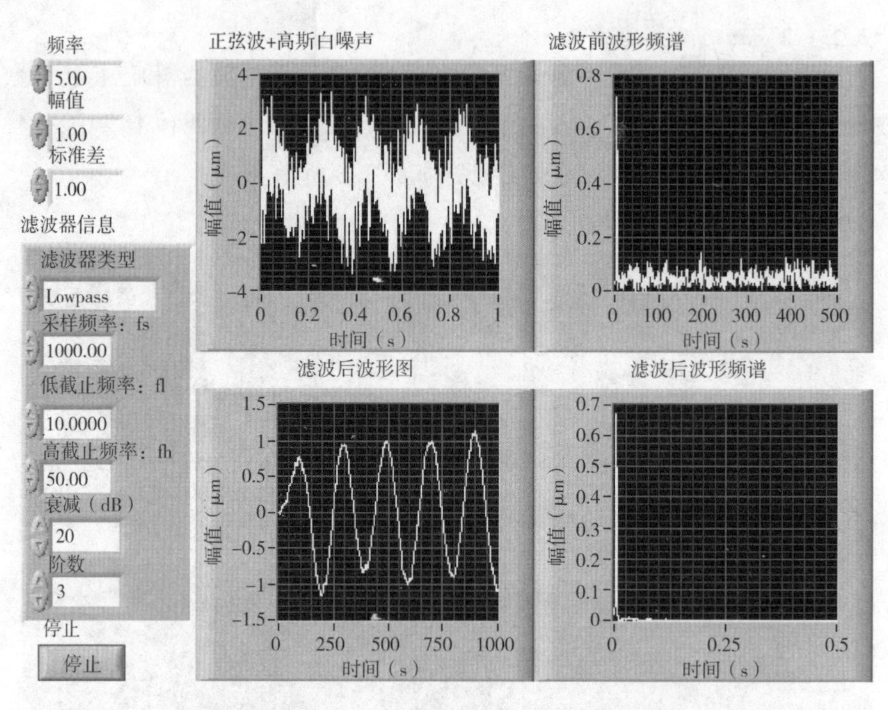

图 2.7　反切比雪夫滤波器正弦波滤波前面板

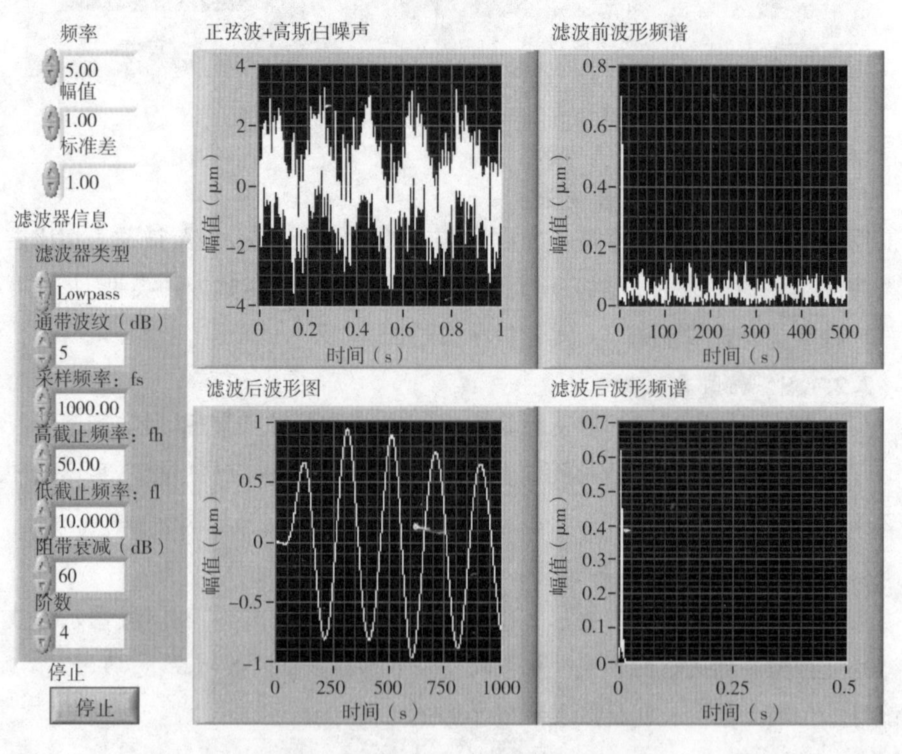

图 2.8　椭圆滤波器正弦波滤波前面板

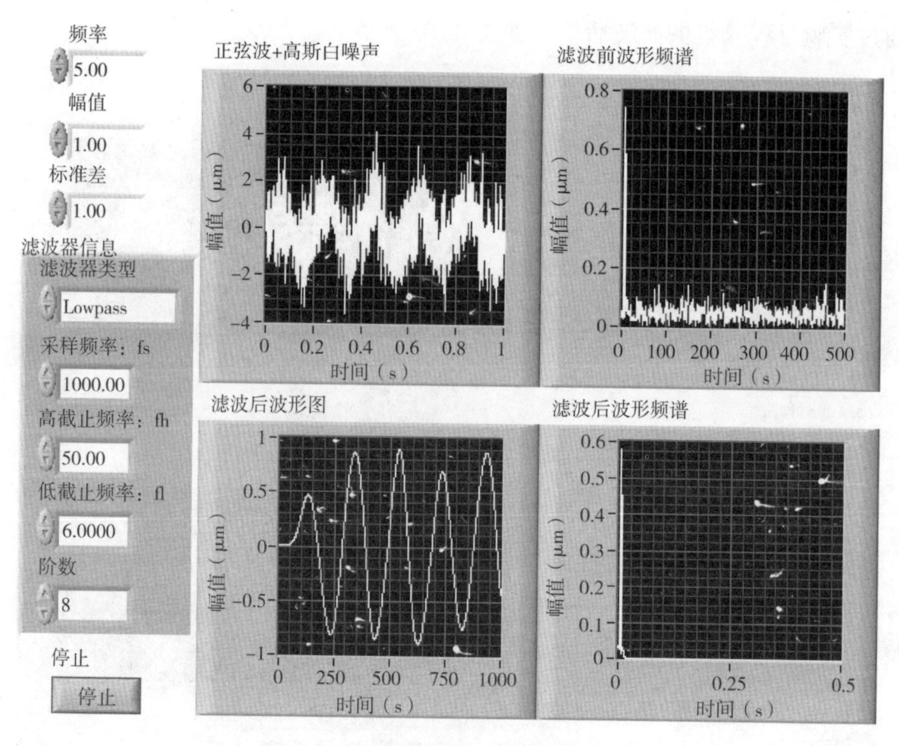

图2.9　贝塞尔滤波器正弦波滤波前面板

2.2.2　FIR滤波器对振动信号调理

LabVIEW函数选板中的数字滤波器函数选板提供多种滤波器，优选出数字FIR滤波器，在众多的信号调理方法中，信号采集设备采用数字FIR滤波器对振动信号进行调理。数字FIR滤波器的优势在于该滤波器的相频响应是线性的，可以很好地预防时域信号数据畸变的发生。

基于LabVIEW软件，首先进行了振动信号的调理过程模拟，通过模拟结果和预期理想结果进行对比，可以得到理想结果，再对应到实验中，对真实工况下的主轴振动信号进行调理。

振动信号的调理过程模拟过程，设定为主轴的原始振动信号为正弦振动信号和高频均匀白噪声的叠加。正弦波信号频率设定为10Hz，幅值为1μm。整个操作过程首先将均匀白噪声通过一个巴特沃斯高通滤波器，将低频分量的波形过滤，然后用数字FIR滤波器对原始的正弦振动信号和高频均匀白噪声的叠加信号进行滤波操作，过滤掉高频噪声，提取正弦波形信号。模拟条件下实现调理过程的前面板和通过实验过程获得的滤波后信号如图 2. 10 所示。

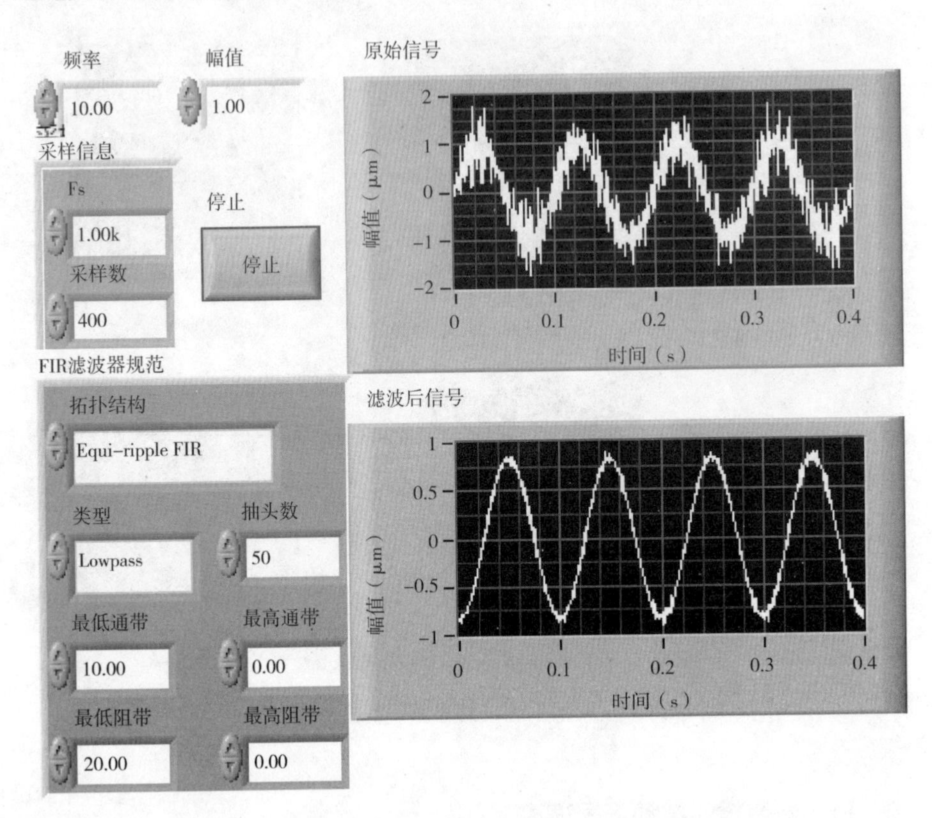

图 2. 10　FIR 数字滤波器调理模拟振动信号

为能够更加明显的观测到实验过程针对振动信号滤波调理的实验结果，在主轴平衡检测面试加质量块。质量块经过经验公式计算，大小符合运行状态，不会产生非常大的振动幅值。因此，经过滤波后，测试系统会测算出主轴实际转速以及与主轴同频率的基频振动信号频率为 9. 7Hz，振动幅值平均值为 1. 08μm。振动信号的调理程序符合预期，振幅相对误差为 7. 4%，信号频率相对误差 3%。

2. 3　主轴振动信号的采样技术

采集到的主轴振动信号包含多种频率成分的混合信号，而在动平衡过程中，所关心的是与转速同频的基频信号，所以，需要通过对振动信号进行分析处理提取出基频信号。使用整周期采样和互相关滤波分析，来提取不平衡信号，该方法的基本处理流程如图 2. 11 所示。整周期采样能得到理想的信号波形，参照同一基准信号对振动信号进行整周期截取，减少频谱泄漏，互相关滤波能够精确提取振动信号。整周期采样和互相关滤波的应用提高了转子动平衡计算的精度。

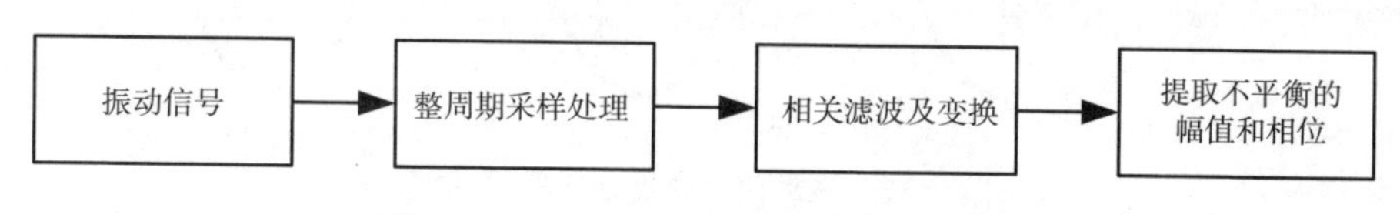

图 2. 11　振动信号分析处理的基本流程图

2. 3. 1　主轴振动信号整周期采样

采样指的是将连续时间信号利用数学的方法离散成为一段一段的时间脉冲信号，该过程相当于在连续时间信号上摘取出来许多离散时刻上的信号瞬时值。数学处理上，看作以等时距单位脉冲序列乘以连续时间信号，各个采样点瞬时值就变成脉冲序列的强度，这些强度值将被量化成为相应的数值。

基于使用软件算法来实现整周期采样。首先同时采集基准信号和振动信号，然后对采集的振动信号进行整周期截取，达成整周期采样的效果。该方法利用现有的数据采集卡就能实现整周期采样，通用性较好。对周期信号实行整周期截断是获得准确频谱的先决条件。

振动信号的整周期截取原理如图 2. 12 所示。首先设置合理采样参数，采样点数 N 要满足关系式：$N=2^n$；采样频率 f_s 在满足采样定理和硬件限制条件下，可设置尽量大些，可以更精确拾取基准信号波形；采样时间要大于信号的周期，保证基准信号的完整。设置参数，同步采集基准信号和振动信号，处理振动信号。以基准信号相邻的两个上升沿为标志，对振动信号进行整周期截取，截取到的振动信号保留了一个整周期的信息，每次截取得到的信号，都是以主轴同一相位为基准的。

以基准信号数组的第一个上升沿作为振动信号截取的起始位置，根据采样率和采样点数来确定振动信号截取的周期个数，对振动信号进行整周期截取，同时输出截取的整周期数量用于后续计算。

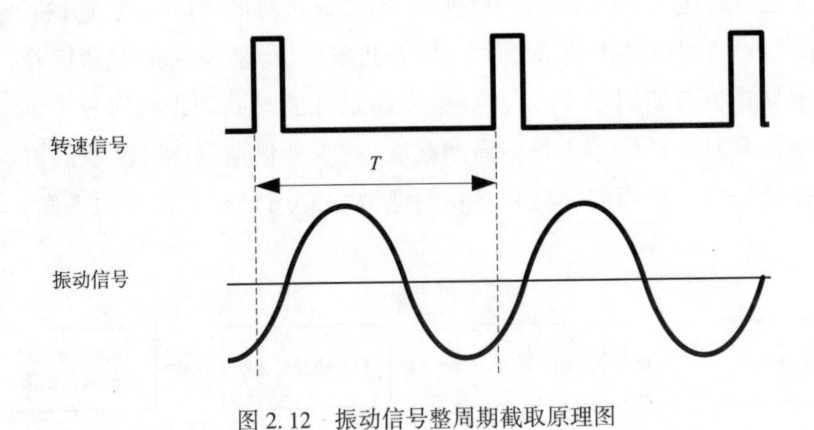

图 2.12 振动信号整周期截取原理图

2.3.2 主轴振动信号的量化、截断与能量泄露

量化过程是比较两组数值,一组是将经过采样得到的脉冲序列幅值,另一组是离散的电平值,将最接近脉冲序列的离散的电平值取代采样得到的脉冲序列幅值,从而将脉冲序列幅值转换成数字序列,从连续模拟振动信号到离散数字信号的转变就完成了。在量化过程中会存在着量化误差,这是不可避免的,这一个过程本身是由于 A/D 转换器进行转换产生的。

当运用计算机对采取的信号进行处理时,由于计算机本身的计算量和计算速度的局限,采集到的数据不可能是时间无限长的信号。通常情况下,取得有限时间长度的信号,对其展开分析时,就会涉及对无限长信号截断问题。无限长信号截断方法在数学上的处理方法是将时间无限长信号乘以在时间域内宽度一定的矩形窗函数。所谓“窗”是指通过窗函数,能够观测到的时间无限长信号的一小部分,其他部分将会做出隐藏,不能被观测到。将采样后信号 $x(t)s(t)$ 截取一段,相当于在时域中用矩形窗函数 $w(t)$ 乘以采样后信号。处理后的时域与频域之间的关系为:

$$x(t)s(t)w(t) \Leftrightarrow X(t) \times S(t) \times W(t) \tag{2.7}$$

截断后信号,其频谱在计算上等于原来时间无限长信号频谱和窗函数频谱卷积,在加窗函数过程中,最后得到截断信号其频谱会发生畸变,由于原来的能量是比较集中的,经过加窗的操作之后,比较集中的能量会分布到宽泛的频带中,这种现象称之为泄露。为了减小或者控制泄露发生,可以通过不同形式窗函数来对时域信号进行加权处理。如何选择窗函数,频谱主瓣宽度越窄越好、旁瓣幅度越小越好。窗函数的优劣基本可以从旁瓣峰值与主瓣的峰值之比、最大旁瓣10倍频程衰减率和主瓣宽度等方面评价。

主轴振动信号在转速为1000r/min的工况下,对振动信号加窗前后对比前面板,如图2.13所示。

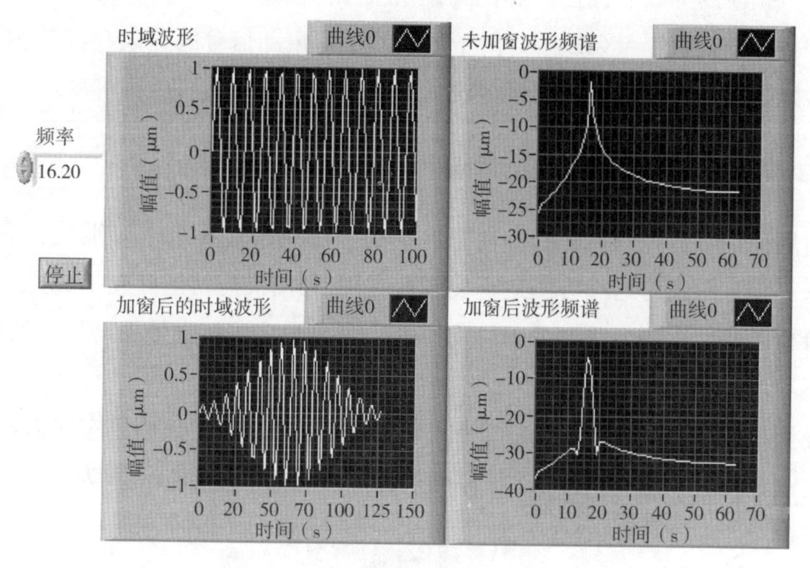

图2.13 振动信号加窗前后对比前面板

2.4 主轴不平衡振动信号提取方法

通常主轴振动信号是由很多不同频率成分的谐波组合而成,在检测过程中,得到的信号除了有效的基频振动信号外,还存在噪声等其他频率成分信号,这些多余的成分会导致真实信号的畸变和失真。对于混合信号中提取基频的振动信号的方法有很多,不同的方法也会存在各自的优点与不足。

2.4.1 不平衡振动信号幅值和相位的提取方法

完成对于不平衡振动信号采样和滤波的操作步骤之后,需要精确、快速、高效计算主轴基频不平衡信号的幅值、相位。测量高速主轴振动过程中,传感器探测到的振动信号混有各种频率成分的谐波信号、电动机振动、支承底座振动、主轴前后端振动等环境和噪声产生的干扰，特别是当振动信号微弱不易测出时，这些干扰信号就会掩盖掉机械主轴同频振动信号。为了将机械主轴同频振动信号在微弱的时候快速、精确探测和提取出来，要求测试系统拥有良好选频特性和准确的相位信息等。测量动平衡振动信号过程，较多采用谱分析、滤波等方法，但是由于谱分析方法存在数据泄露等缺点，造成机械主轴系统的振动幅值不准确，滤波方法导致振动信号相位不准确等一系列缺陷。对于主轴动平衡振动信号的提取有：传统 FFT、整周期截断 DFT、互功率、相关分析、全相位 FFT 等多种方法。

2.4.2 基频信号幅值和相位的传统 FFT 提取方法

对周期信号进行频域分析的傅里叶变换方法在信号提取中有很重要的作用，多年来一直有学者对这一方法进行发展和应用，利用快速傅里叶变换，对于信号的频域分析已成为重要方法。基于快速傅里叶变换 FFT 求解主轴振动信号的基本算法如下：

在周期 T 中，对振动信号进行等间隔采样 N 点，得到时域信号序列为：$x(0)$、$x(1)$、$x(2)$、…、$x(N-1)$，对该序列进行离散傅里叶变换（DFT）为：

$$X(k) = \sum_{n=0}^{N-1} x(n) e^{-j\frac{2\pi}{N}kn} \tag{2.8}$$

式中，$k = 0,1,2,3,\cdots,N-1$，表示谐波次数，$n = 0,1,2,3,\cdots,N-1$，表示采样点数。

当 $k = 1$ 时，$X(1)$ 为离散傅里叶变换（DFT）的基波分量，由公式（2-8）可以得到：

$$X(1) = \sum_{n=0}^{N-1} x(n) e^{-j\frac{2\pi}{N}kn} = a_1 + b_1 j = F_1 \angle \theta_1 \tag{2.9}$$

幅值，$F_1 = \sqrt{a_1^2 + b_1^2}$；相位，$\theta_1 = \arctan\left(\frac{b_1}{a_1}\right)$。

其中，$a_1 = \sum_{n=0}^{N-1} x(n) \cos \frac{2\pi}{N} n$，$b_1 = \sum_{n=0}^{N-1} x(n) \sin \frac{2\pi}{N} n$。

采用传统的 FFT 法提取主轴基频振动信号，基于 LabVIEW 软件编写 FFT 法的程序。为检验编写程序的正确性与合理性。首先通过模拟条件下的设定主轴振动信号各个参数，输入到编写程序，将输出结果和输入信号的参数进行对比，经过不断调试与改进，在将程序应用到实验过程，模拟条件下的 FFT 法提取基频振动信号主要程序如图 2.14 所示。

图 2. 14 设定主轴振动基频频率为 30Hz，其他频次谐波信号为 50Hz 和 70Hz，对应的振动幅值依次设定为 2μm、1μm、1μm。

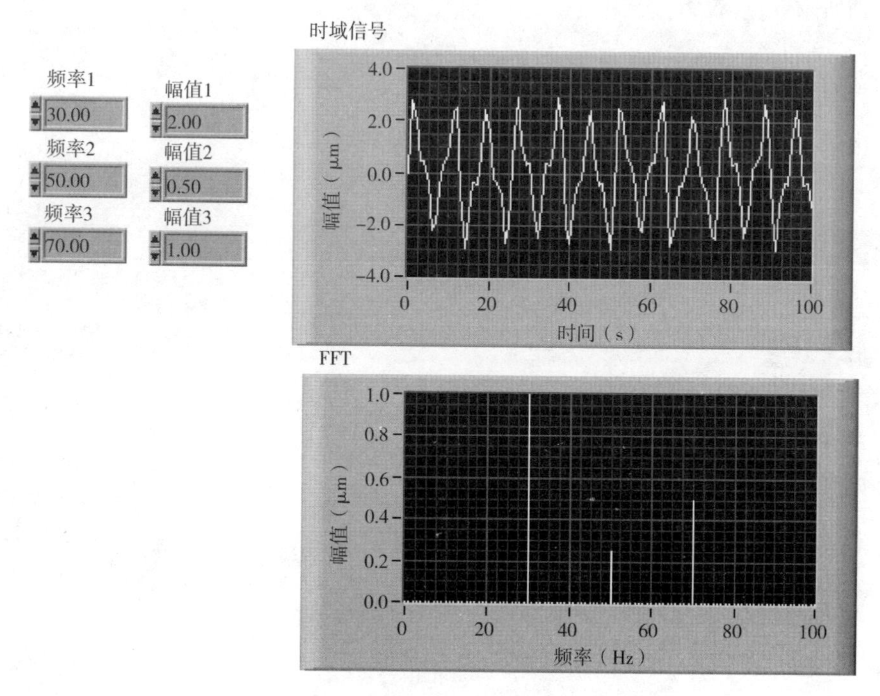

图 2. 14　传统 FFT 幅值相位提取信号

采用传统 FFT 法对振动基频信号幅值和相位的提取最主要的优点是快速、高效，同时能够相对准确的辨别不同频率的谐波；很好地防止振动波形发生改变、零点漂移等现象。采用传统 FFT 法对振动基频信号幅值和相位的提取的抗干扰能力表现的一般，幅值误差、精度降低。针对这些问题进行改进措施有：加适合的窗函数与加长窗序列长度能够有效降低频谱泄露的发生，合理选择采样点数与采样频率、对频谱进行校正等。

2. 4. 3　基频信号幅值和相位的整周期截取提取方法

应用整周期截取 DFT 法，对高速主轴振动信号展开整周期截取处理的过程。单周期离散振动信号有限序列 $\{x_n\}$ $(n=1,2,3,\cdots,N)$，其离散傅里叶变换为：

$$X_k = \sum_{n=0}^{N-1} x_n W^{nk}, (k = 0,1,2,\cdots,N-1) \tag{2.10}$$

若旋转因子 W^n 为：

$$W^n = e^{\frac{-j * 2\pi n}{N}} \tag{2.11}$$

则所求频谱 X_1 为：

$$X_k = \sum_{n=0}^{N-1} x_n W^{nk} = \sum_{n=0}^{N-1} x_n \cos\left(\frac{2\pi n}{N}\right) - j\sum_{n=0}^{N-1} x_n \sin\left(\frac{2\pi n}{N}\right) \tag{2.12}$$

由于 W^n 具有对称性，故而 $W^n = -W^{N/2+n}$，则 X_1 可变形为：

$$X_1 = \sum_{n=0}^{N/2-1} (x_n - x_{n+N/2}) W^n \tag{2.13}$$

记 $X_1 = R + Bi$，则对应的实部和虚部如下：

$$R = \sum_{n=0}^{N/2-1} (x_n - x_{n+N/2}) \cos\left(\frac{2\pi n}{N}\right) \tag{2.14}$$

$$B = \sum_{n=0}^{N/2-1} (x_n - x_{n+N/2}) \sin\left(\frac{2\pi n}{N}\right) \tag{2.15}$$

则信号幅值 A 为：

$$A = \frac{2}{N}\sqrt{R^2 + B^2} \tag{2.16}$$

对应的相位为：

$$\varphi = \arctan \frac{B}{R} \tag{2.17}$$

提取基频信号后，提取幅值、相位，再对最近的若干信号进行平均，以增加结果的稳定性和准确性，其均值作为最终的输出结果，实验表明取 5 次平均值即可。优点是不需要计算 N 点 DFT，只需要计算第 k 条谱线，节省时间、提升效率；整周期截断 DFT 法只是针对振动信号进行基频信号提取，对于高频谐波信号能够很好控制。

2.4.4 基频信号幅值和相位的相关分析提取方法

用相关滤波法提取不平衡信号，相关滤波法能够严格控制信号中直流分量和噪声干扰，实现不平衡信号的精确提取。相关滤波的原理如图 2.15 所示。

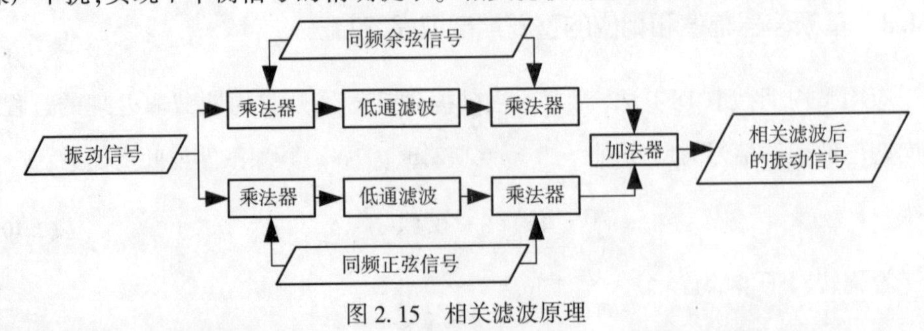

图 2.15　相关滤波原理

对振动信号整周期截取后,使用相关滤波提取基频信号。根据基准信号的基频,使用 LabVIEW 中的信号发生器函数产生频率为基频、相位相差90°的正弦信号和余弦信号,然后对振动信号进行处理,最后滤波提取基频信号。

相关分析法具有准确描述振动信号和键信号之间关系与相似程度的优势,相关分析法在医学、声学、机械领域都有广泛的应用,能够在噪声背景下,准确提取微弱信号。运用相关分析法可以准确地将振动信号的幅值和相位提取出来。在 $x(t)$、$y(t)$ 都是实能量信号的前提下,定义互相关函数为:

$$R_{xy}(\tau) = \int_{-\infty}^{+\infty} x(t)y(t-\tau)\mathrm{d}t = \int_{-\infty}^{+\infty} x(t+\tau)y(t)\mathrm{d}t \tag{2.18}$$

相关函数法描述两个信号在信号 $x(t)$ 和 $y(t)$ 之间有多大的相关性,是多频信号中提取有用信号的重要手段。由于在采集信号过程中,对振动信号进行检测、提取往往十分复杂,没有严格而准确的表达式可以对其进行真正的表示,通常情况下,振动信号成分复杂,有基频转速、倍频、亚倍频、随机振动信号等,因此对于不平衡的振动信号的表达式表示如下:

$$\chi(t) = e_0 + e\sin(\omega t + \varphi) + \sum_{i=2}^{n} e_i \sin(i\omega t + \varphi_i) + s(t) \tag{2.19}$$

式中, a_0 为直流分量; $i\omega$ 为各个不同信号频率; φ_i 为各个频率信号相位值; $s(t)$ 为噪声等干扰信号;其中基波分量信号: $e\sin(\omega t + \varphi)$ 是需要得到和检测的信号,它是转子转动时,产生不平衡量所引起的振动信号。

设频率为 ω 、相位为0时的标准正弦信号和余弦信号分别为:

$$g(t) = \begin{cases} \sin\omega t, 0 < t < T \\ 0, 其他 \end{cases} \qquad h(t) = \begin{cases} \cos\omega t, 0 < t < T \\ 0, 其他 \end{cases} \tag{2.20}$$

将信号 $g(t)$、$h(t)$ 两个标准正弦、余弦信号分别和 $\chi(t)$ 振动信号做互相关运算:

$$R_{yg}(0) = \int_{-\infty}^{+\infty} y(t)g(t)\mathrm{d}t = \frac{Te}{2}\sin\varphi, t \in (-\infty, +\infty) \tag{2.21}$$

$$R_{yh}(0) = \int_{-\infty}^{+\infty} y(t)h(t)\mathrm{d}t = \frac{Te}{2}\cos\varphi, t \in (-\infty, +\infty) \tag{2.22}$$

得到的振动基频信号的幅值和相位如下:

$$e = \frac{2\sqrt{R_{yg}(0)^2 + R_{yh}(0)^2}}{T} \tag{2.23}$$

$$\varphi = \arctan\frac{R_{yg}(0)}{R_{yh}(0)}, \varphi \in [0, 2\pi] \tag{2.24}$$

利用相关分析法对振动信号的幅值、相位的提取方法具有运算快、求得的结果准确性高等特点，同时还不容易受到其他噪声等信号的干扰。将该方法进行时频分析，可精确地计算振动幅值、相位，从而准确地测得不平衡量的大小和试加配重块的位置。

这种方法的优点是，运用相关算法提取振动特征信号过程实际上就是计算平均值，互相关算法对振动信号中所含有的直流分量以及噪声等干扰信号能够很好地加以抑制和消除。利用互相关算法能够保证提取信息具有良好的精度，并且并不用对初始振动信号展开整周期采样，运算量不大。

改进措施有利用互相关法提取振动特征信号的相位会存在一定的偏差，对于相位精度误差而言，是在进行主轴测试中，转速的小幅变化而造成基频变化。测量误差和很多因素有关，如采样点数的多少、信噪比大小、A/D 转换位数等因素，所以可以改进提取信号的准确性，应用高阶逼近的数值算法并提高采样点数。

2.4.5 基频信号幅值和相位的互功率提取方法

互功率法是一种具有剔除干扰能力强，运算速度快等优势的信号处理方法。传统的信号去掉噪声大多采用滤波器，但是信号经过滤波后，振动信号的相位会产生延迟，严重时会导致信号失真、对信号的瞬时功率也会产生影响。为了保证对振动信号幅值和相位的准确提取，互功率法采用了互相关运算，即将信号序列中具有特定频率的同样长度的信号序列进行互相关运算，经过运算，信号中含有某一个特定频率成分的信号将得到加强，噪声和其他频率成分的信号将得到有效的抑制。

在实际工程中，以某一采样频率 f_a 采集一段长度为 N 的序列：

$$\{X(i), i = 0,1,2,3,4,\cdots,N-1\} \tag{2.25}$$

假设原始信号中，振动信号为 $y(t) = A\sin(2\pi f_b t + \beta)$，不平衡振动分量的频率为 f_b，振动幅值为 A，振动相位为 β，则需要利用互功率法提取该分量的幅值 A 和相位 β。

基频振动信号提取过程中，先设定一段标准正弦信号，频率为 f_b，振动幅值为 1，振动相位为零，并且该正弦信号与数据采集信号 $X(i)$ 同样的长度：

$$y(t) = \sin(2\pi f_b i\Delta t), \Delta t = \frac{1}{f_b}, i = 0,1,2,\cdots,N-1 \tag{2.26}$$

互功率法的计算核心思想在于计算信号 $X(i)$、$Y(i)$ 之间的互功率谱 $\hat{P}_{xy}(\omega)$，进而对振动信号的幅值和相位进行求解。

$$\hat{P}_{xy}(\omega) = X_{w}(\omega)\overline{Y_{w}(\omega)} \tag{2.27}$$

式中，$X_w(\omega)$ 与 $Y_w(\omega)$ 是 $\{X_w(i)\}$ 与 $\{Y_w(i)\}$ 的傅里叶变换，即互功率谱 $X_w(\omega)$ 与 $Y_w(\omega)$ 共轭的乘积。对振动信号进行互相关运算后，含有频率 f_b 成分的信号得到加强，所以：

$$\hat{\beta} = \mathrm{arc}[\hat{P}_{xy}(\omega)], |\hat{P}_{xy}(\omega_0)| = \max_{0<\omega<\pi f_a} |\hat{P}_{xy}(w)| \tag{2.28}$$

以上就是利用互功率法计算求解基频振动信号幅值和相位的基本原理，该方法具有运算简单，不受硬件设备的限制，去噪声能力强的优点。模拟条件下实验数据和提取程序如图 2.16 所示。

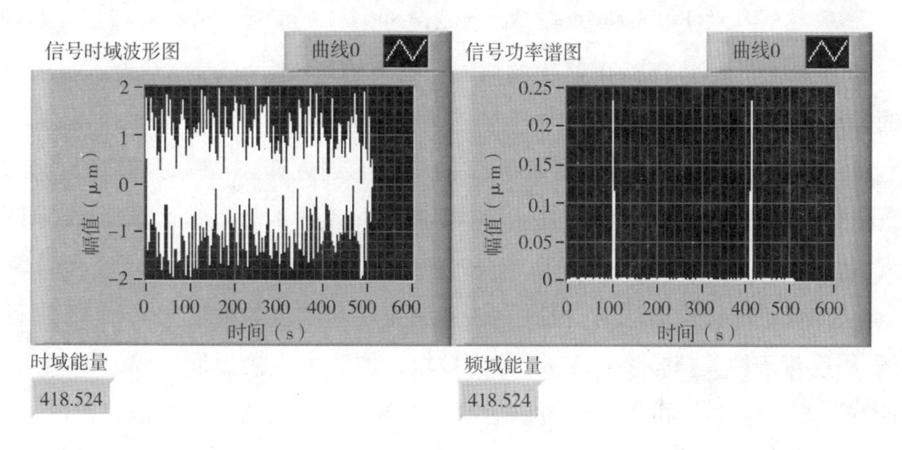

图 2.16　功率谱分析

2.4.6　基频信号幅值和相位的正弦逼近提取方法

正弦逼近方法最早起源于计算机技术这门学科，理论体系成熟，测量范围大，应用较广泛，基本原理是基于针对最小二乘法对主轴基频信号进行拟合，并逐渐地逼近，从而间接地提取出与主轴基频同频率的振动信号幅值和相位。

假定正弦信号公式为：

$$y(t) = A_0\sin(\omega_0 t + \varphi_0) + x_0 = a\sin\omega_0 t + b\cos\omega_0 t + x_0 \tag{2.29}$$

其中，$w_0 = 2\pi f_0$，f_0 为正弦信号基频，x_0 为振动信号直流分量。经过振动信号去直流和滤波处理，采集长度为 N 序列：

$$\{y(i), i = 0,1,2,3,4,\cdots,N-1\} \tag{2.30}$$

基于最小二乘法，由 $y(i)$ 可以拟合出所需要的参数 a,b,x_0，根据参数估计即可以求出与主轴同频信号的幅值和相位。

$$A_0 = \sqrt{a^2 + b^2} \tag{2.31}$$

$$\varphi_0 = \tan - 1\left(\frac{b}{a}\right) \tag{2.32}$$

根据上述正弦逼近算法的原理,在基于 LabVIEW 虚拟仪器平台编写该信号提取算法的程序,从而提取出主轴基频信号的幅值和相位。在实际实验的信号采集现场,采集到的振动信号是非常复杂的,因此,虚拟构造的振动信号就要与实际采集到的振动信号尽可能地保持一致。假设主轴振动信号的表达式如下所示:

$$y(t) = A_0\sin(\omega_0 t + \varphi_0) + \sum_{i=1}^{n} A_i\sin(\omega_i t + \varphi_i) + x_0(t) \tag{2.33}$$

其中,$x_0(t)$ 表示 LabVIEW 中的均匀白噪声信号,A_0 和 φ_0 分别表示一倍频信号的幅值和相位。

正弦逼近算法的主要核心是最小二乘法,正弦逼近算法和跟踪滤波法类似,应用正弦逼近算法提取基频信号的幅值和相位,运用反正切等数学运算,对结果四舍五入,所以计算得到的数值并不会十分准确,存在一定的误差。为了避免计算误差,在应用该信号提取方法时,提高主轴基频振幅和相位的精度,在编制算法程序时候,回避对于相关拟合参数 a,b,在信号拟合曲线中直接提取出幅值和相位,减少计算误差。通过仿真的分析,可以提取到精度更加接近真实的幅值和相位。

2.5 本章小结

本章主要对主轴不平衡振动特征提取过程中所涉及的关键技术进行介绍,第1节介绍了振动信号提取过程中的噪声去除技术,主要采用小波噪技术完成;第2节介绍了对主轴振动信号的调理技术,主要采用滤波器对振动信号进行滤波;第3节介绍了主轴振动信号提取过程的采样技术,对整周期采样的过程进行阐述;第4节介绍了几种主轴不平衡振动特征基频信号的提取方法,并说明了不同方法在特征提取过程中的优点和缺点。本章内容的阐述明确了主轴不平衡振动特征提取的关键技术和详细过程。

第3章 主轴在线动平衡及调控技术

3.1 主轴在线动平衡技术

3.1.1 在线动平衡技术

对高速主轴在线动平衡区分方法有刘曦泽、段滋华等人的直接法和平衡头法,哈尔滨工业大学赵学森等人将高速主轴在线动平衡技术细分为直接法、间接法、混合法。

3.1.1.1 直接在线动平衡方法

喷涂式在线动平衡方法将高黏度物质喷射到转子上,改变转子重心位置实现动平衡。高速旋转下对转子喷射高黏度物质附着在转子上产生很大动量,对转子在短时间内产生巨大的冲击,从而产生了新的不平衡量。

液体式在线动平衡装置可以改变平衡头重心位置实现在线动平衡。液体式装置已经应用于磨床,但在使用过程中也存在因容腔容量有限导致平衡能力受限制的问题,而容腔中液体的挥发也会影响平衡精度。

激光去重式在线动平衡装置采取激光法,这种方法平衡精度高、易于控制,但是由于激光束会使转子表面产生伤痕,降低疲劳极限、影响表面质量、缩短使用寿命。激光是在短时间内将微量金属气化,所以平衡能力受限。

3.1.1.2 间接在线动平衡方法

间接在线动平衡方法通过作动器或轴承等方法间接调整主轴动平衡的方法。这种装置是在平衡头或者平衡盘上加与不平衡力大小相等、方向相反的力来消除不平衡量从而达到转子系统动平衡。该类装置主要有电磁轴承型在线动平衡装置和电磁圆盘形在线动平衡装置。通过在电磁轴承处或者在平衡圆盘处安放变频器,使其为转子系统提供与转子旋转角速度相同频率的电磁力,使转子系统达到平衡状态。由于转子在运转过程中要时刻受到电磁力作用,因此整个系统耗费能量、不环保,装置结构复杂、体积大、成本高,所以用于不长期运行的旋转机械。

3.1.1.3 混合在线动平衡方法

由于混合式平衡头法的相对优越性,国内学者们进行深入研究的平衡头主要集中在混合式,目前,有三种常见平衡头:电动机驱动式机械平衡头、液体喷射式平衡头和电磁式平衡头。

2012 年,北京工业大学张仕海等人基于盘式在线动平衡装置,提出了液压驱动平衡盘与主轴分离,摩擦力矩实现差速并稳定的内置式双面在线动平衡装置设计方案,通过实例证明了该方法的有效性。2013 年,西安交通大学机械工程学院章云、梅雪松等学者提出主轴注液式在线动平衡装置,根据平衡终端结构特性,实现喷液量精密控制,通过分析平衡终端内、外圈径向位移与转速关系,验证该装置在高速旋转下安全性,实现喷液量与平衡配重间线性关联,满足该装置用于高速平衡时的特殊需求。结果表明,在 20700r/min 时,主轴不平衡振动幅值下降 78.8%,验证了平衡装置、平衡控制策略的有效性。2016 年北京化工大学高金吉、陈立芳等人研究电磁式自动平衡装置,探究电磁式自动平衡装置自锁力影响因素及优化方法,通过电磁平衡头永磁自锁磁路分析得到影响自锁力的主要结构参数,为驱动电流设计提供了理论依据。

国外的主轴在线动平衡研究较为领先,电动机驱动式、喷液式和电磁驱动式三种主流平衡头在世界各发达国家都有广泛应用。德国、美国和意大利是相关技术最为成熟的国家。

美国 SCHMITT 公司 SBS 内置平衡头用于磨削主轴,其平衡能力在 100~7000g · cm,适合转速在 300~13000r/min,振动控制在 20nm 以下,平衡只需几秒钟。Kennametal 公司推出整体自动平衡系统 TABS,通过电磁力调节平衡环的相对位置,不到 2s 就能够使得主轴回转精度在 50nm 以下。LORD 公司电磁驱动实时平衡系统安装在主轴上配重盘位置,由电磁力调节来实现高速主轴在线平衡,发现不平衡量时,系统只需要 1.5s 自动调节就可以使主轴达到平衡,该系统可用于 40000r/min 及以上主轴,平衡后可使平衡等级达到 G1 或更高。

德国 Hofmann 公司推出电磁滑环式平衡头 AB9000,适合转速 200~120000r/min,平衡能力 100g · mm~3.2kg · m。申克公司研制的 HM 及 HS 系列动平衡机可平衡最大轴径为 3600mm,不平衡减少率达 95%以上。

意大利MARPOSS公司研制的主轴型(ST)平衡头,使得机床主轴系统不论是在工作状态下还是非工作状态下,传送动力的碳刷滑环都能够分别处于接触与分离状态,主轴型(ST)平衡头需要安装在磨床主轴内,工作转速在1100~6500r/min,平衡能力为400~13000g·cm。

3.1.2　在线动平衡技术研究展望

目前,高速主轴与在线动平衡技术之间联系十分紧密,高速主轴在线动平衡技术已成为机械加工等制造业方向着重开发与研究的对象。目前对各类传感器、计算机技术、数字通信技术、信号处理技术、精密加工与制造等已有十分深入研究,随着这些技术发展,主轴在线动平衡测试技术和动平衡装置发展方向主要体现在以下几个方面:

(1)结构设计更加标准化

有些动平衡装置在结构上设计不合理,体积较大,导致安装过程十分不便。应该针对不同型号主轴,设计一套与主轴相适应标准,使动平衡装置能够与主轴尺寸相适应,使得安装、操作过程更加简便容易。

(2)平衡效率高、操控更简便

由于动平衡技术应用不当或者平衡装置本身不足,在线主轴动平衡过程在特定工况下,原本应该可以快速将不平衡量抵消,却花费较长平衡时间,导致平衡效率十分低下。针对不同工况和实验环境下高速主轴,在线动平衡技术和装置都应该拥有更加高效、操作简便的优点。

(3)更长使用寿命长、更低成本

一方面要求在线动平衡装置拥有较长的使用寿命;另一方面价格还要低廉,这样高性价比的平衡装置在未来的市场中才会拥有一席之地。

(4)更先进的测试系统

动平衡测试过程更多采用非接触间接测试,这就要求平衡测试系统拥有先进的传感器技术、数字通信技术、信号处理技术等,某些在线动平衡系统已实现自动检测、自动跟踪补偿等能力,这大大提高在线动平衡测试精度。

(5)研制新型材料、创新算法

材料对于平衡装置作用明显,有些平衡装置与主轴接触部分在高转速下发生热膨胀,影响内部动平衡块的移动与调试。很多国内外动平衡算法的不断研究、发展和创新,推动在线平衡技术向更加积极、尖端的方向发展,不断提高动平衡精度与平衡效率。

(6)网络化、智能化精密加工与制造

目前,先进在线自动平衡系统最佳平衡精度已经达到0.1μm(振动峰值),网络化、智能化技术也正在改变着加工生产方式,未来需要利用好网络自动控制技术、在线动平衡系统网络通信和远程控制功能。

3.2 主轴动平衡调控方法

3.2.1 刚性主轴的动平衡方法

主轴可分为刚性主轴和柔性主轴,该分类方法在动平衡方面的依据为主轴的工作转速是否达到其第一临界转速,该分类方法可以依据 K. Federn 提出的方法,其中刚性主轴的动平衡方法主要可分为力平衡法和影响系数法。

3.2.1.1 力平衡法

刚性主轴的力平衡法运用的原理为刚体力学的知识,即只需消除在某个转速下的不平衡力矩和力偶的影响。其基本思想是把主轴上的离心惯性力向质心方向简化成为一个合力 $\boldsymbol{F}$ 和一个合力偶 $\boldsymbol{M}_{\mathrm{C}}$,离心惯性力系的简化如图3.1所示。

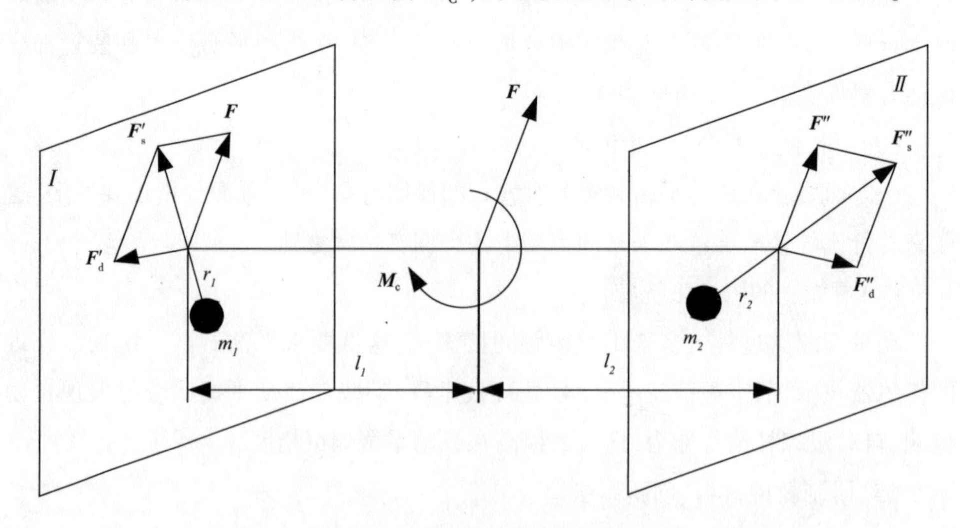

图3.1 离心惯性力系的简化

图3.1中，任选两个垂直于主轴的平面 Ⅰ、平面 Ⅱ 作为校正平面，它们与质心所在平面（该平面垂直于轴线）的距离分别为 l_1 和 l_2。先将合力 $\boldsymbol{F}$ 分解为平面 Ⅰ 中的 $\boldsymbol{F}'$ 和平面 Ⅱ 中的 $\boldsymbol{F}''$ 这2个分力，且 $\boldsymbol{F}'$ 和 $\boldsymbol{F}''$ 平行于 $\boldsymbol{F}$，由此可以得到：

$$\boldsymbol{F}' = \boldsymbol{F}\frac{l_2}{l_1 + l_2} \tag{3.1}$$

$$\boldsymbol{F}'' = \boldsymbol{F}\frac{l_1}{l_1 + l_2} \tag{3.2}$$

在平面 Ⅰ 和平面 Ⅱ 中，分别取2个分力 $\boldsymbol{F}'_{\mathrm{d}}$ 和 $\boldsymbol{F}''_{\mathrm{d}}$，将其组成的力偶代替合力偶 $\boldsymbol{M}_{\mathrm{C}}$，即：

$$\boldsymbol{F}'_{\mathrm{d}} = \boldsymbol{F}''_{\mathrm{d}} = \frac{\boldsymbol{M}_{\mathrm{C}}}{l_1 + l_2} \tag{3.3}$$

然后将平面 Ⅰ 中的各分力合成为力 $\boldsymbol{F}'_{\mathrm{S}}$，将平面 Ⅱ 中的各分力合成为力 $\boldsymbol{F}''_{\mathrm{S}}$，这样，力 $\boldsymbol{F}'_{\mathrm{S}}$、力 $\boldsymbol{F}''_{\mathrm{S}}$ 就和整个主轴的不平衡离心惯性力系等效。

进行主轴动平衡时，在平面 Ⅰ 中的力 $\boldsymbol{F}'_{\mathrm{S}}$ 的反方向添加校正质量 m_1，其加重半径为 r_1，使得 $m_1\omega^2 r_1 = \boldsymbol{F}'_{\mathrm{S}}$，其中，$\omega$ 为主轴的角速度；在平面 Ⅱ 中的力 $\boldsymbol{F}''_{\mathrm{S}}$ 的反方向加校正质量 m_2，其加重半径为 r_2，使得 $m_2\omega^2 r_2 = \boldsymbol{F}''_{\mathrm{S}}$。

力平衡法主要运用在刚性转子的硬支承动平衡机上。

3.2.1.2　刚性主轴的影响系数法

刚性主轴的影响系数法可分为单面影响系数法和双平面影响系数法。单面影响系数法使用于转子（主轴）较短，厚度较薄的薄盘类转子，而双面影响系数法适用于转子长度较长且长度大于直径的转子。现在常用的影响系数法是由 Goodman 于1964年改进的方法，该方法引进了平衡方程的最小二乘解和加权最小二乘解，成为实用的、考虑多平面、多转速的影响系数法。

（1）单面影响系数法

单面影响系数法是影响系数法中最简单的一种，适用于主轴动平衡中最简单的情况，该方法只需要1个校正面和1个检测面。首先，测出原始振动记为 A，试加配重质量记为 Q，测得振动值记为 B，由此可求出影响系数 $\alpha = \dfrac{B - A}{Q}$，配重质量为 $Q_0 = \dfrac{A}{\alpha}$。

在 Dyer 等人提出的自适应控制单平面影响系数法中，给出了一种递推在线辨识方法。该方法利用指数加权平均值来消除测量的噪声和系统非线性的影响，通过实验发现,自适应控制系统成功地控制了转速变化较大范围内的同步振动,即使在非线性时变动态,该方法也能很好地工作。

(2)双平面影响系数法

双平面影响系数法需要2个与主轴垂直的校正面和2个检测面进行动平衡。其平衡示意图如图3.2所示。

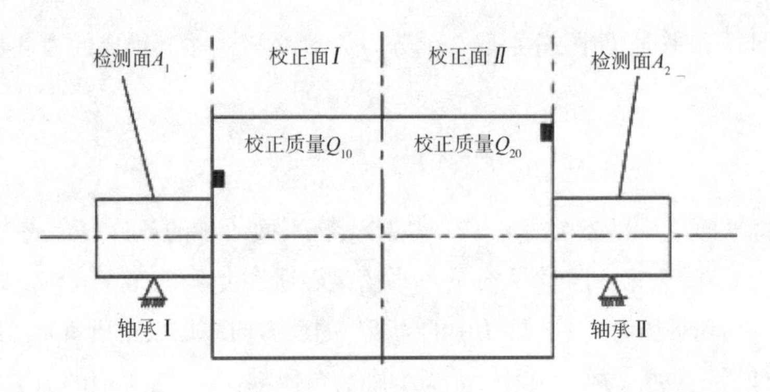

图3.2　平衡示意图

图3.2中,在主轴上分别选取2个测振点,其所在平面分别为检测面A_1、检测面A_2;选取2个平衡校正面(校正平面),分别为校正平面 I、校正平面 II,测得主轴的初始振动矢量分别为$\boldsymbol{A}_{10}$、$\boldsymbol{A}_{20}$,矢量包含幅值和相位。然后在2个校正面上分别试加不平衡质量Q_1、Q_2,测出的振动矢量分别为$\boldsymbol{A}_{11}$、$\boldsymbol{A}_{12}$、$\boldsymbol{A}_{21}$、$\boldsymbol{A}_{22}$,则对应的影响系数为:

$$\begin{cases} \boldsymbol{\alpha}_{11} = \dfrac{\boldsymbol{A}_{11} - \boldsymbol{A}_{10}}{Q_1} \\ \boldsymbol{\alpha}_{12} = \dfrac{\boldsymbol{A}_{12} - \boldsymbol{A}_{20}}{Q_1} \\ \boldsymbol{\alpha}_{21} = \dfrac{\boldsymbol{A}_{21} - \boldsymbol{A}_{10}}{Q_2} \\ \boldsymbol{\alpha}_{22} = \dfrac{\boldsymbol{A}_{22} - \boldsymbol{A}_{20}}{Q_2} \end{cases} \tag{3.4}$$

然后可分别求出校正质量Q_{10}、Q_{20},以矩阵的形式表达,即为:

$$\begin{bmatrix} Q_{10} \\ Q_{20} \end{bmatrix} = \begin{bmatrix} \boldsymbol{\alpha}_{11} & \boldsymbol{\alpha}_{12} \\ \boldsymbol{\alpha}_{21} & \boldsymbol{\alpha}_{22} \end{bmatrix}^{-1} \begin{bmatrix} \boldsymbol{A}_{10} \\ \boldsymbol{A}_{20} \end{bmatrix} \tag{3.5}$$

重庆大学机械传动国家重点实验室研究学者提出基于影响系数法的不卸试重现场动平衡算法，该算法利用配重平衡转子原始不平衡量和未卸下的试重，现场试验表明：该算法有较高平衡精度，简化了现场动平衡试验操作步骤，减少了现场动平衡操作时间。Xu 等人提出两平面修正的影响系数法，在主轴转速为 1200r/min 时，2 个校正平面的振动分别减少了 87.79%和 88.68%。Zhang 等人提出了全相位差最大值的影响系数法，用来选择 2 个合适的校正平面，结果表明当 2 个校正平面分别在敏感区域中进行选取时，校正向量的整体幅值最小。

3.2.2　柔性主轴的动平衡方法

柔性主轴的动平衡方法和刚性主轴的动平衡方法不尽相同，其不仅需要平衡某一转速下转子传递给轴承的不平衡力（轴承动反力），而且还要平衡该转速下转子的挠曲变形，才能保证转子在一定转速范围内平稳的运转。其原因是柔性主轴随着转速的增加，达到其一阶临界转速后，主轴将会发生形变。柔性主轴的动平衡方法主要有影响系数法和模态平衡法。

3.2.2.1　影响系数法

柔性主轴的影响系数法与刚性主轴的影响系数法不同，因为柔性主轴动平衡需要考虑多转速、多测量点和多校正面。影响系数法假设转子响应是线性的不平衡函数，是一种矢量数学的数据处理方法，需通过用最小二乘法或其他的优化方法求解超定方程组，以计算校正质量。也可以认为影响系数法是将转子及其支承系统作为一个封闭系统——“黑箱”，在平衡面上的试加重量（包括大小和相位）作为这一封闭系统的输入，试加重量引起振动的变化量（包括大小和相位）作为这一封闭系统的输出，把输入与输出的函数关系定义为影响系数。

在转子上选取 $N(\Omega_1,\Omega_2,\cdots,\Omega_N)$ 个平衡转速；K 个校正平面，各个校正平面的轴向位置分别记为 $s_1,s_2,\cdots,s_K$；选取 M 个测振点，各个测振点的轴向位置分别记为 $b_1,b_2,\cdots,b_M$。在进行主轴平衡时，在转速 Ω_N 下测出 b_M 处的原始振动量为 $V_0(b_M,\Omega_N)$，然后停机并在 s_K 处选择合适的试加重量 Q_k，此时测得 b_M 处的振动变成 $V_k(b_M,\Omega_N)$，由此求出影响系数为：

$$\alpha_{mk}^{(n)} = \frac{V_k(b_M,\Omega_N) - V_0(b_M,\Omega_N)}{Q_k} \tag{3.6}$$

为了平衡主轴，必须求得分别对应 $n = 1,2,\cdots,N$，$m = 1,2,\cdots,M$ 和 $k = 1,2,\cdots,K$ 时所有的影响系数，可排成一个 $M \times N$ 行 K 列的矩阵 $\boldsymbol{A}$，即：

$$
\boldsymbol{A}=\begin{bmatrix}
\alpha_{11}^{(1)} & \alpha_{12}^{(1)} & \cdots & \alpha_{12}^{(1)} \\
 & \cdots & \cdots & \\
\alpha_{M1}^{(1)} & \alpha_{M2}^{(1)} & \cdots & \alpha_{MK}^{(1)} \\
\alpha_{11}^{(2)} & \alpha_{12}^{(2)} & \cdots & \alpha_{1K}^{(2)} \\
 & \cdots & \cdots & \\
\alpha_{M1}^{(2)} & \alpha_{M2}^{(2)} & \cdots & \alpha_{MK}^{(2)} \\
 & \cdots & \cdots & \\
\alpha_{M1}^{(N)} & \alpha_{M2}^{(N)} & \cdots & \alpha_{MK}^{(N)}
\end{bmatrix} \tag{3.7}
$$

为使各平衡面上校正质量 $P_1, P_2 \cdots P_K$ 对同一测振点所产生的振动之和正好抵消该测点的初始振动，可通过式(3.8)进行处理，即：

$$
\begin{bmatrix} P_1 \\ P_2 \\ \cdots \\ P_K \end{bmatrix} = -\boldsymbol{A}^{-1}
\begin{bmatrix}
V_0(b_1, \Omega_1) \\ \cdots \\ V_0(b_M, \Omega_1) \\ V_0(b_1, \Omega_2) \\ \cdots \\ V_0(b_M, \Omega_2) \\ \cdots \\ V_0(b_M, \Omega_N)
\end{bmatrix} \tag{3.8}
$$

在现实中，主轴往往不能提供足够多的校正平面，导致校正平面数小于测振点数与平衡转速数的乘积，则式(3.8)将无解，此时，一般采用最小二乘法来计算。王星星等人将引入遗传交叉因子的改进粒子群算法应用到最小二乘影响系数法中，具有很好的收敛特性和全局搜索能力，可以最优化平衡配重的质量，使最大配重质量和最大残余振动明显减小。Qiao 等人基于影响系数法，提出一种对于多节点柔性主轴的加权最优影响系数控制法，在多目标加权函数振动控制策略下，对于降低柔性主轴多节点不平衡振动非常有效。Moon 等利用基于影响系数法设计的动平衡装置，可以使转子转速为 13200r/min 时的振幅峰值，从 21.4μm 降至 1.8μm，当转速增加到 14400r/min 时，振幅峰值上升到 11.4μm，然后平衡至 2μm。陈曦等人针对大涵道比涡扇发动机，建立基于最小二乘影响系数的低压转子现场动平衡方法，一次试重时在转子的 3 个支点上检测出振幅分别降低了 75%、78.8%和 68%；当重用影响系数时，就可无试重平衡，此时 3 个支点上的振幅分别减少了 66.7%、72%和 81%。

3.2.2.2　模态平衡法

柔性主轴的模态平衡法最早由德国的Federn于1956年提出的,其基本思想是利用主轴不平衡响应的模态特性,将不平衡量按各阶模态分解并予以平衡校正,从而抑制由振型失衡导致的振动。主轴前三阶模态振型如图3.3所示。

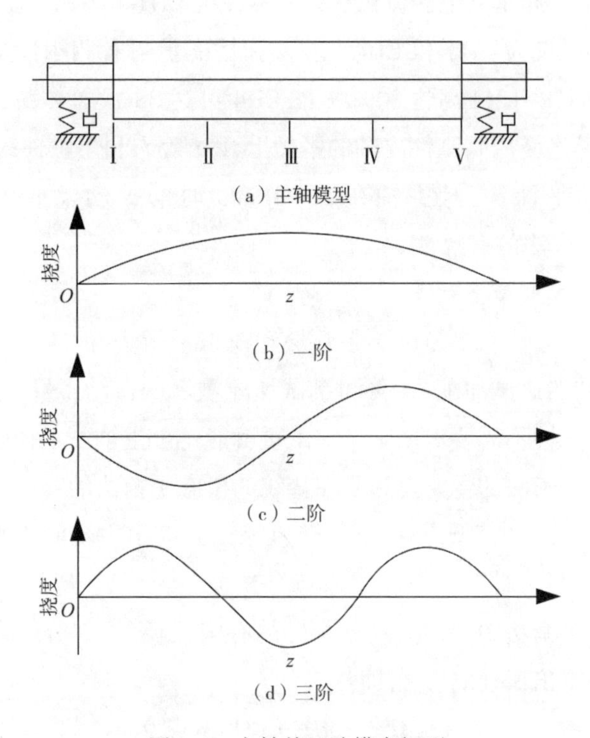

图3.3　主轴前三阶模态振型

主轴振动时,可以得出一个主轴实际挠曲变形函数,即:

$$f(\omega,z) = \sum_{j=1}^{\infty} c_j(\omega)\varphi_j(z) \tag{3.9}$$

式中,$f(\omega,z)$ 为主轴的挠曲振型函数;z 为轴向坐标;ω 为转速;$c_j(\omega)$ 为在转速 ω 下第 j 阶振型的系数;$\varphi_j(z)$ 为第 j 阶(主)振型特征函数,亦称振型函数。

由于主轴的振型函数是由主轴本身结构的决定,无法改变,因此要想平衡主轴,使 $f(\omega,z)=0$,只需使 $c_j(\omega)=0, j=1,2,\cdots,N$ 即可。由于柔性主轴的动平衡通常会和轴承的动反力有关,因此,在用模态平衡法时会考虑前 N 阶和 $N+2$ 阶振型。前 N 阶振型的平衡会破坏刚性主轴的平衡条件,而 $N+2$ 阶则不会。

众多学者在研究模态平衡法上取得了很大进展。西北工业大学的陈曦等人提出一种考虑弹性支撑影响的柔性转子模态动平衡方法，该方法利用转子的有限元模型求出转子的模态振型，然后根据模态振型计算出转子的临界转速和平衡转子。结果表明，临界转速的计算与实测的相对误差仅为0.36%，一阶计算振型与实测振型的模态置信度为0.9906。用电涡流位移传感器测量转子上两个圆盘的水平和垂直振幅，盘1的水平和垂直电涡流位移传感器设为CH1和CH2；盘2的水平和垂直电涡流位移传感器设为CH3和CH4。左侧弹性支承与右侧刚性支承的实验状况下：减振百分比CH1~CH3高达80%以上，CH4可达38%，总体减振效果明显。最近，也有学者把模态应用到刚性主轴的平衡上，Liu等人利用主轴的模态，提出一种双平面的主轴动平衡法，且主轴在5000r/min时的振动幅值由12μm降低至1.2μm，证明了该方法的有效性。

3.2.2.3 无试重动平衡法

现有的动平衡方法主要是影响系数法和模态平衡法，但这2种方法都需要先测量主轴的振动，然后试加配重，再测量试加配重后的振动，最后平衡主轴。而无试重动平衡法是一种不需要对主轴试加配重就能得出主轴不平衡幅值和相位的新方法。无试重动平衡法的主要思想是在传统的模态平衡法的基础上结合有限元分析，考虑主轴的特性（如模型形状、临界转速等），计算出主轴的不平衡量的幅值和相位。

在无试重动平衡法中，首先，建立主轴的有限元模型，划分结点。根据主轴的运动微分方程可得出振动响应A，即：

$$A = \Omega^2(-M\Omega^2 + G\Omega + K)^{-1}Q \tag{3.10}$$

式中，Ω为自转角速度；$\boldsymbol{M}$为质量矩阵；$\boldsymbol{G}$为回转矩阵；$\boldsymbol{K}$为刚度矩阵；$\boldsymbol{Q}$为含不平衡激励的广义力向量。

根据式（3.10），可以得出不平衡分布方程，即：

$$\boldsymbol{Q} = [\Omega^2(-\boldsymbol{M}\Omega^2 + \boldsymbol{G}\Omega + \boldsymbol{K})^{-1}]^{-1}\boldsymbol{A} \tag{3.11}$$

然后，通过缩减不平衡响应矩阵$\boldsymbol{D}$与不平衡量矩阵$\boldsymbol{B}$得到两者关系矩阵$\boldsymbol{C}$，即：

$$\boldsymbol{C}=\boldsymbol{D}^{-1}\boldsymbol{B} \tag{3.12}$$

式中，矩阵$\boldsymbol{D}$通过有限元方法得到；矩阵$\boldsymbol{B}$通过传感器采集数据得到。

式（3.10）~式（3.12）为根据模态平衡法发展而来的无试重动平衡方法。李晓丰等人使用该方法，在一阶平衡后的主轴转速超过临界转速时，振幅平均降低70%以上；王维民运用该方法使主轴在转速为7300r/min时的振幅由40μm降低到

8μm；刘钢旗等人运用该方法将试验主轴分别进行了一阶和二阶平衡，每次平衡只需开机一次，平衡后一阶振幅下降59.44%，二阶振幅下降97.56%；宾光富等人应用该方法开展了转速为2700r/min的轴系四平面同时配重动平衡试验，单点降幅最高达53%，实现了无试重下，柔性主轴轴系整机动平衡；章云等人运用基于模态分析及傅里叶变换的无试重动平衡法，可以在低于临界转速的状态下采集振动响应数据，无须停机进行试重就能准确识别主轴不平衡状态，添加配重后可使主轴各阶不平衡振动得到有效的抑制。Bin等人利用转子动力学理论和有限元仿真技术建立动态有限元模型，通过激励虚拟不平衡力，得到轴系的动态特性和加权影响系数矩阵，在试验中，可以一次平衡4个平衡面，以实现动平衡，主轴振幅减少了50%。Wang等人将无试重方法应用于磁悬浮的柔性主轴上，可使振幅由8.2μm降低到0.8μm，降幅达到90.2%。

3.2.3　其他动平衡方法

3.2.3.1　全息谱动平衡法

全息谱原理和技术是由西安交通大学屈梁生院士等人于1998年首次提出，然后于2002年将其与动平衡技术相结合，形成全息动平衡方法。

全息谱动平衡是将2个鉴相传感器放置在支撑面上，分别呈主轴的X轴方向和逆时针旋转90°的Y轴方向。然后经过快速傅里叶变换得到各自的转频信号，再合成转频椭圆，即转频的二维全息谱。它分别描述了主轴2个方向的振动信息x、y，即：

$$
\begin{aligned}
x &= A_x\sin(\omega t+\alpha) = s_x\sin(\omega t) + c_x\cos(\omega t)\\
y &= B_y\sin(\omega t+\beta) = s_y\sin(\omega t) + c_y\cos(\omega t)
\end{aligned}
\tag{3.13}
$$

式中，A_x、B_y为主轴在x和y方向的振动幅值；ω为主轴的角速度；α、β为主轴在x和y方向的振动相位；s_x、s_y为正弦项系数；c_x、c_y为余弦项系数。

此时，转频椭圆中心到初相点的矢量为初相矢$\boldsymbol{P}$，可表示为：

$$
\boldsymbol{P} = \sqrt{(A\sin\alpha)^2 + (B\sin\beta)^2}\arctan\frac{B\sin\beta}{A\sin\alpha} \tag{3.14}
$$

式中，A和B为主轴在x和y方向的振动幅值；α、β为主轴在x和y方向的振动相位。

与传统的试重平衡一样，该方法也需要进行原始振动测量、试重响应测量、不平衡计算和添加配重。当一次平衡不能达到要求时，需要进行多次平衡。由于主轴—轴承系统经过一段时间的运行,其轴承的刚度与阻尼一般都为各向异性,而其他动平衡方法都是假设各向同性不同,全息动平衡方法则考虑到了系统的各向异性,这就提高了平衡的精度。在 Zhang 等人提出的对于各向异性的刚性主轴全息谱动平衡法中,基于全息谱动平衡法提出一种修正的初始相位补偿方法。试验表明,相比较于影响系数法和标准的全息谱动平衡法,改进的全息谱动平衡法在最大转速为 16000r/min 的主轴上,主轴两端的振动幅值分别减少 9.53% 和 27.29%;通过选择平衡目标改进全息谱动平衡法,修正初相矢,使得 2 个轴承断面振动轨道的半长轴分别减少了 30% 和 49%;刘淑莲等人在分析非线性转子系统的不平衡量中,对转子系统进行动力学建模,求出不平衡量以及油膜力的工频分量,运用全息谱的原理,把工频响应从振动信号中提取出来。实验研究表明,在 4559r/min 的转速下,可以识别出不平衡响应数据,然后计算出需要平衡的偏心距和相位大小,在主轴动平衡时,得出各点的振幅均降低了 60% 以上,甚至可以达到 80% 以上,动平衡效果比较好。

3.2.3.2 低速动平衡法

在主轴的动平衡过程中,会涉及刚性和柔性的平衡。在平衡刚性振型之后,当主轴的转速达到或超过一阶临界转速时,由于主轴会产生新的由振型导致的失衡量,那么此时需要对主轴进行再次平衡,因此,低速动平衡法被提出以解决二次平衡的问题。

低速动平衡方法是通过分析主轴在临界转速前后振动特性的变化规律,直接在低速下实现主轴高速运转时柔性振型不平衡量的校正。Tan 等人通过理论分析认为柔性主轴的平衡可以在刚性转速区平衡,这就降低了主轴在高速下的平衡风险和运行成本。章云等人提出一种柔性主轴的低速无试重动平衡方法,该方法分为 2 个部分,一是不平衡量的求解,可以通过运动微分方程计算出振动响应向量,然后得到主轴不平衡量大的位置其集中不平衡力的求解矩阵;二是不平衡量校正位置迁移,由于主轴不平衡量大的位置有可能不宜放置校正平衡面,因此需要将不平衡量迁移至校正平面处,该方法在一阶临界转速下动平衡后,可使达到一阶临界转速后的主轴其振幅下降 94.1%,二阶临界转速的主轴其振幅下降 92.5%。该试验表明低速动平衡法的可行性。结合影响系数法和模态平衡法,利用转子的模态特性,求出转子的影响系数矩阵为:

$$[\boldsymbol{\Gamma}]\{\boldsymbol{\xi}^{c}\} = \{\boldsymbol{q}_0\} \tag{3.15}$$

式中，$[\boldsymbol{\Gamma}]$ 为影响系数矩阵；$\{\boldsymbol{\xi}^{c}\}$ 为平衡校正矢量；$\{\boldsymbol{q}_0\}$ 为转子的挠度。

经过实验验证，主轴在第一临界转速的 70%～75%时可实现主轴动平衡，有较好的效果。

3.2.4　动平衡方法展望

通过对上述动平衡方法的分析表明，动平衡方法多种，且每种动平衡方法都有着它的适用范围和对象。但有些动平衡方法还只处于理论阶段，离实际应用还有一段的距离。随着技术的进步，对动平衡方法有着更高的要求。

(1)动平衡方法可以和计算机结合使用

计算机技术、传感器技术和数字信号处理技术的迅速发展对在线动平衡产生影响巨大，当动平衡方法和计算机结合，再使用其他的硬件设备，可以对主轴进行快速的平衡，提高平衡精度和生产效率。

(2)动平衡方法的通用化

现在的动平衡方法有着刚性和柔性之分，但主轴在不同的工况下会呈现刚性和柔性。因此，一种动平衡方法应该可以同时平衡刚性主轴和柔性主轴。

(3)无试重平衡法的发展

无论是影响系数法还是模态平衡法，都需要进行不同程度的试重，但这会使停机次数增多，加工效率降低。而无试重动平衡法可以直接计算出不平衡量的振幅和相位，直接在线动平衡。

3.3　本章小结

本章重点介绍了主轴系统在线动平衡调控技术和动平衡计算方法。第 1 节主要介绍了实现在线动平衡的技术以及未来的发展趋势。第 2 节主要针对不同主轴类型，介绍了多种动平衡调控方法以及动平衡方法的展望。通过本章地阐述明确了实现动平衡的技术手段和方法，了解了实现主轴系统动平衡的途径。

第4章　主轴不平衡振动特征提取的应用

4.1　振动信号采集装置

4.1.1　振动信号传感器

在线动平衡系统不平衡量的评判主要是根据主轴系统的振动信息,得到主轴系统的振动信息,从而对主轴平衡装置质量进行调整,实现主轴在线动平衡。振动信号的测量品质对动平衡系统的性能具有决定性的影响。

主轴振动信号一般从振动幅值、频率、相位这三个方面进行分析。为得到振动幅值、频率、相位,必须在主轴内部做好标记,并依次标记作为基准相位信号;之后的测量都是凭借该基准相位信号作为振动信号的出发点;通过刻画基准相位信号和振动信号的起始点,振动信号的幅值、频率、相位就能够准确得到。

4.1.1.1　相位信号及转速测量传感器

相位信号是一种矩形波信号,该信号的周期和主轴的转动周期相等,通常情况下,信号的测量起点以振动信号的上升沿边沿为基准。

光电传感器型信号发生装置是基于光反射和光电效应原理设计而成。典型的反射式光电传感器的其基本原理为:由红外发射管发出红外光,并通过半透镜反射到被测主轴之上,在主轴的相应位置贴有反光贴纸,当红外光作用于反光贴纸时,可以将其反射回来,并通过半透镜射向红外接收管,当红外接收管接收到大于指定强度的红外光时,即会产生相应的电信号变化,并通过相关的电路即可输出相应的信号,转轴每转动一周,光电传感器产生一个波形。因此,在转子系统运转过程中,光电传感型信号发生装置输出与转动等周期的信号。这一原理可以避免系统振动对信号的影响,而且传感器价格低廉。因此,在转速测量、动平衡等领域被广泛采用,但是系统一般体积较大,不适合主轴内置,且易受到环境光线和遮挡物的影响,可采用霍尔元件作为信号发生装置。

霍尔元件是根据霍尔效应制作的一种磁场传感器。霍尔效应是磁电效应的一种,这一现象是霍尔(Hall A H,1855～1938 年)于 1879 年在研究金属的导电动机构时发现的。后来发现半导体、导电流体等也有这种效应,而且半导体的霍尔效应比金属强得多,利用这现象制成的各种霍尔元件,广泛地应用于工业自动化技术、检测技术及信息处理等方面。

霍尔元件具有许多优点,它的结构牢固、体积小、重量轻、寿命长、安装方便、功耗小、频率高、耐震动、不怕灰尘、油污、水汽及盐雾等的污染或腐蚀;霍尔线性器件的精度高、线性度好;霍尔开关器件无触点、无磨损、输出波形清晰、无抖动、无回跳、位置重复精度高(可达微米级);霍尔元件可实现的工作温度范围宽,可达 -55～150℃。

霍尔元件如图 4.1 所示,元件内部集成一个霍尔半导体片,使恒定电流通过该片,当元件位于磁场中时,在洛仑兹力的作用下,电子流在通过霍尔半导体时向一侧偏移,使该片在垂直于电流方向上产生电位差,这就是所谓的霍尔电压。霍尔电压随磁场强度的变化而变化,磁场越强,电压越高,磁场越弱,电压越低。霍尔电压值很小,通常只有几个毫伏,但经集成电路中的放大器放大,就能使该电压放大到足以输出较强的信号。

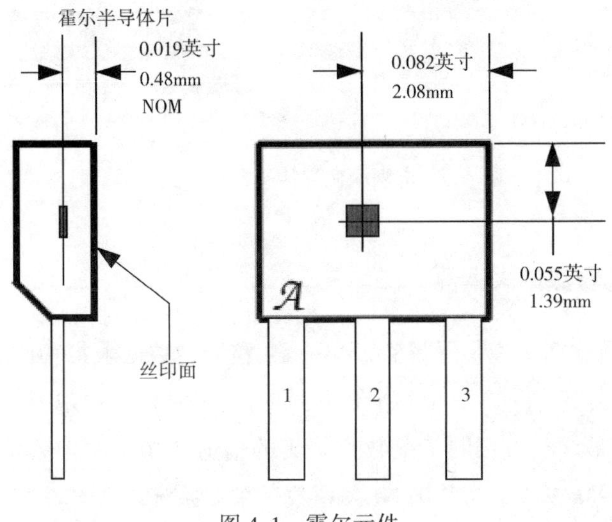

图 4.1　霍尔元件

4.1.1.2 振动位移测量传感器

测量振动信号通常是应用不同类型传感器将主轴振动时的位移、速度或加速度响应换为电信号，经过电子线路放大后，送入相应的信号分析处理仪器。

测振传感器的选择，一般由测点场合、环境温度、环境湿度、磁场的影响、振动频率和幅度范围及配套仪器的匹配要求等因素决定。常用的测振传感器和配套的放大器有三类：电涡流式以及复合式位移传感器和变送器；电动式速度传感器和放大器；压电式加速度传感器和放大器。

电涡流位移传感器测量主轴的径向位移，从中得到转子振动的位移响应。传感器及其配套系统以本特利内华达公司 3300XL11mm 电涡流传感器系统为例，图 4.2(a)为传感器探头，图 4.2(b)为前置器，用来供电和传输信号。其工作特性如下：探头工作温度范围在-35~120℃，前置器和延伸电缆工作温度范围在 0~45℃，电源电压-26~-23V，线性范围 0.5~4.5mm，输出电压-17~-1V，标准灵敏度 3.94V/mm，推荐的间隙设定值 2.5mm，频率响应 0~8kHz，线性偏差小于±0.10mm，传感器性能较高，能够较好满足动平衡系统的需要。

(a) 电涡流位移传感器探头

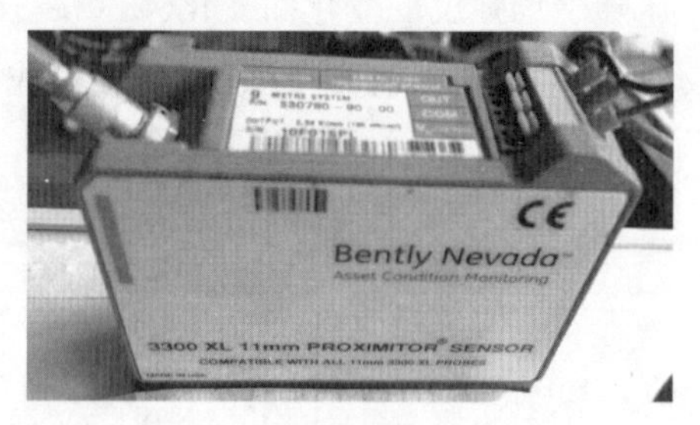

(b) 前置器

图 4.2 电涡流位移传感器套件实物图

4.1.2 振动信号数据采集器

在线动平衡数据采集装置具备偏摆补偿、整周期数据采集功能、同频信号的提取等，利用该装置建立一个虚拟的平台，分别针对各种信号提取方法进行程序的编写和实验验证，最终通过相同工况数据采集的幅值和相位两种数据提取精度与准确性对比。如图 4.3 所示为美国 NI 公司数据采集系统。

NI cDAQ-9184 是一款含有 4 槽 NI CompactDAQ 以太网机箱，NI cDAQ-9184 适用于远程或分布式传感器测量以及电子测量。数据采集系统包括以下 3 块数据采集模块。

(1) NI 9239

如图 4.4 所示，是一款 4 通道 24 位 C 系列模拟输入模块，同步输入速率为 50kS/s 通道，输入范围±10V。模块内部的通道间隔离使得整套系统不受隔离等级内电压尖脉损害。模块浮动前端，隔离消除由接地回路引起的测量误差。

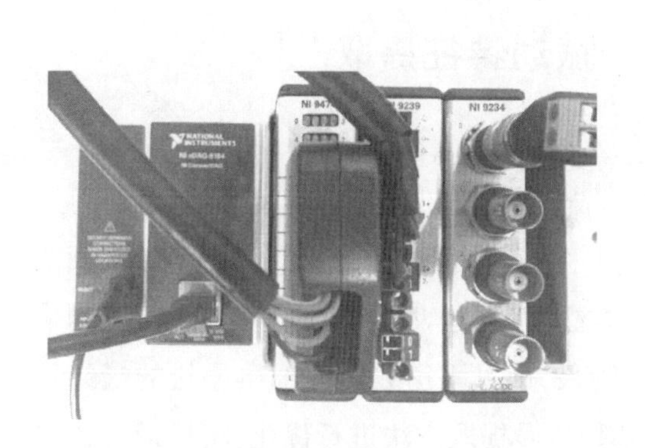

图 4.3　数据采集器实物图

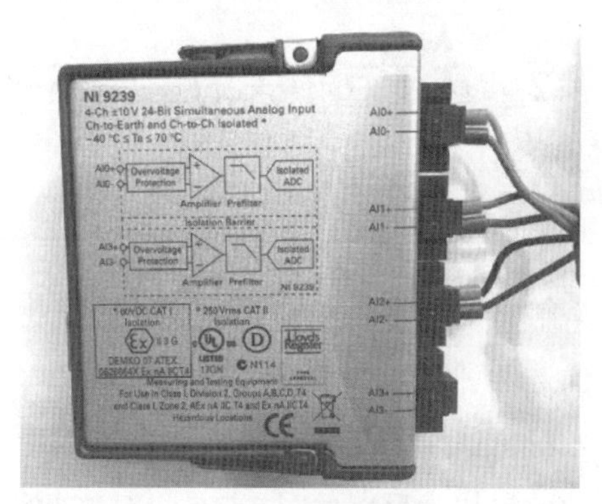

图 4.4　NI 9239 数据采集模块实物图

(2) NI 9234

如图 4.5 所示，采用 4 通道的信号采集模块，同步采样模拟输入，输入范围为±5V。4 条输入通道利用内置抗混叠滤波器，该抗混叠滤波器具有自动调节的功能，具有 24 位分辨率，102dB 动态范围，软件可选的 IEPE 信号调理。

(3) NI 9474

如图 4.6 所示，是一款 C 系列 8 通道 1μs 高速源极数字输出模块。每条通道的信号电压为 5V 至 30V，同时输出通道与地面之间还有瞬时过压保护 2300Vrms。

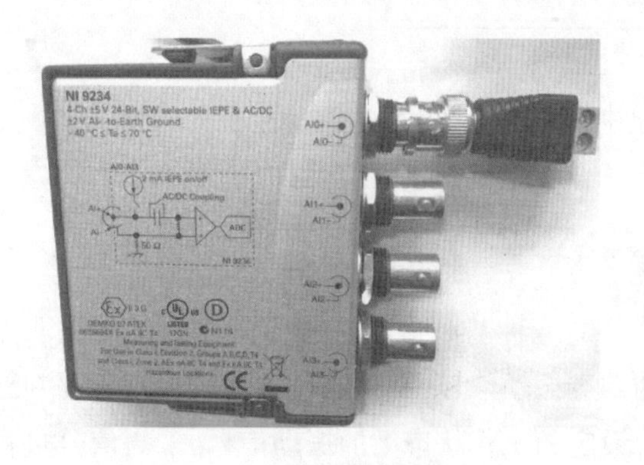

图 4.5　NI 9234 数据采集模块实物图

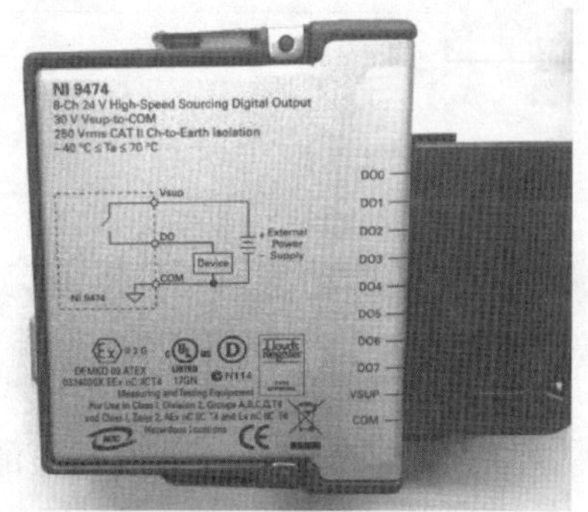

图 4.6　NI 9474 数据采集模块实物图

测控装置同样是动平衡系统的核心部件。应用测控装置,科学掌控和调动主轴测试系统,确保测控装置的部件准确动作与配合,只有完成精准、高效实现平衡装置配重盘上面的质量块移动无误,才能确保主轴在高速运转状态下的动态调控。

4.2 基于互相关的主轴不平衡振动特征提取

通过模拟均匀白噪声、高斯白噪声、直流分量、随机噪声及其混合下谐波信号,从整体上对整个主轴振动信号处理前后程序进行整体调试,并在调试过程中,预期优选两种基频振动信号提取效果良好的方法,并将这两种基频信号方法提取的信号特征值作为在线动平衡调控过程中的输入,通过平衡装置内部质量块的最终移动效果作为反馈信号,进一步对这两种基频信号提取方法进行优化,将最适合该实验平台的信号提取方法进行选择。主轴在线动平衡从信号的预处理、后处理、基频振动信号特征值的提取,再到以影响系数法为调控方法的在线动平衡,一套完整的软件检测系统建立并完成,流程图如图 4.7 所示。

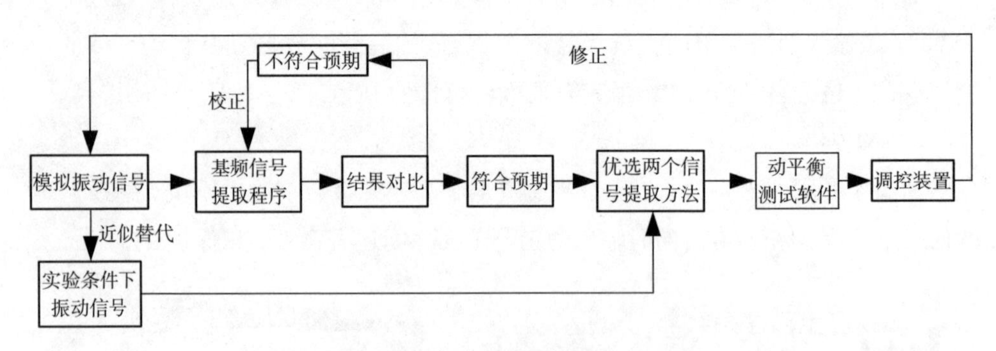

图 4.7 在线动平衡振动信号调控流程图

4.2.1 主轴振动信号特征提取仿真

基于 LabVIEW 虚拟仪器模拟编制的五种基频振动信号幅值和相位的提取方法,首先通过模拟主轴工作状态下的四类振动信号,需要通过仿真结果初步评判五种基频振动信号提取方法。程序中,设定的工作状态下的振动信号,采集信号过程对振动信号检测、提取复杂,没有严格、准确表达式。通常,振动信号成分有基频、倍频、亚倍频、随机振动信号等,振动信号表达式如下:

$$y(t) = a_0 + A\sin(\omega t + \delta) + \sum_{i=1}^{n} a_i \sin(i\omega t + \varphi_i) + s(t) \quad (4.1)$$

式中，a_0 为直流分量；$i\omega$ 为各不同信号频率；φ_i 为每一种频率下振动信号的相位大小；A 为振动信号基频振幅；$s(t)$ 为噪声等干扰信号；$a\sin(\omega t + \varphi)$ 是基波分量信号。

通常情况振动信号有基频、倍频、亚倍频、随机振动信号等，为获取更加真实的主轴振动信号，设定以下模拟仿真信号，含有直流分量均匀白噪声与高斯白噪声混合下谐波信号干扰信号表达式为：

$$x(t) = 2 + 6\sin(\omega t + 30) + 3\sin(2\omega t + 20) + 2\sin(3\omega t + 10) + s_1(t) + s_2(t) \quad (4.2)$$

模拟振动信号时域波形的信息为：均匀白噪声、单一高斯白噪声信号标准偏差为 1，直流分量为 2μm，基频 10Hz，基频振动信号为 6μm，二倍频振动信号为 3μm，三倍频振动信号为 2μm，对应的初相位分别 30°、20°和 10°。采样点数 1000，采样频率 1000Hz。对于振动信号时，域波形的模拟，以含有直流分量均匀白噪声与高斯白噪声混合下谐波信号作为模拟振动信号时，域波形在程序中的运行前面板如图 4.8 所示。

将 5 种基频振动信号提取方法在整周期 10Hz 的条件下，分别进行振动信号的幅值和相位的提取运算，针对每种信号提取方法，将运算结果的前 50 组数据求取平均值，结果见表 4.1。

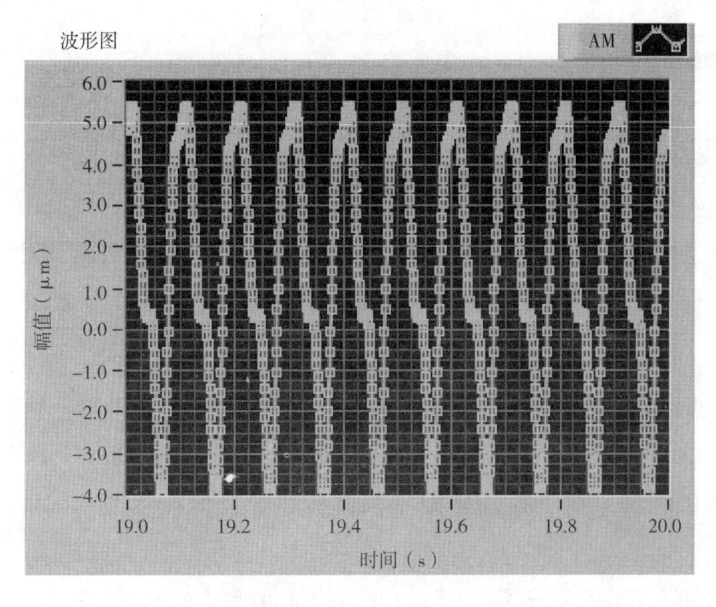

图 4.8　直流分量、均匀白噪声、高斯白噪声混合谐波信号

表 4.1　模拟下基频信号提取结果对比

振动参数 \ 提取方法	互相关	整周期截取	传统 FFT	互功率	正弦逼近
平均幅值(μm)	6.01	5.98	5.97	6.02	6.05
平均相位(°)	30.12	29.97	30.19	30.22	29.88

4.2.2　信号提取方法实验分析

实验条件下，对于振动信号的采样频率设定为 1000Hz，采样点数 1000，主轴工作转速设定为 1500r/min，理论上的主轴转频为 25Hz，为更好观察主轴工作转速下振动，在轴端检测面放置质量 10g 的试重块。提取出主轴振动信号幅值和相位是最重要和关键的步骤，对频振动信号提取方法分别进行定量的分析，提取结果见表 4.2。

表 4.2　实验下基频信号提取结果对比

信号参数 \ 提取方法	互相关	整周期截取	传统 FFT	互功率	正弦逼近
幅值(μm)	5.52	5.48	5.42	5.35	5.31
相位最大值(°)	33.21	33.18	34.25	34.18	35.34
相位最小值(°)	30.68	31.04	29.97	29.32	30.33
相位差值(°)	2.53	2.14	4.28	4.86	5.01

由表 4.2 可知：理论上的主轴转频为 25Hz，但是在实验操作过程中，霍尔元件检测到的主轴转频并不是 25Hz，此时，模拟信号并不能完全代表实际工况条件下的主轴信号。

利用 LabVIEW 软件编制的各种振动信号提取方法，提取出与主轴振动同频振动信号，选取程序后面板 50 个振幅、相位数据。动平衡测试软件中，通过实验，比较出各算法在提取主轴基频振动信号幅值和相位方面的优劣性，如图 4.9 和图 4.10 所示。

实验条件下获得结果表明，主轴加适当的试重所引发的不平衡振动，其基频振动幅值和模拟条件下基频振动幅值之间相似度达 90.78%。振动相位波动较小，相

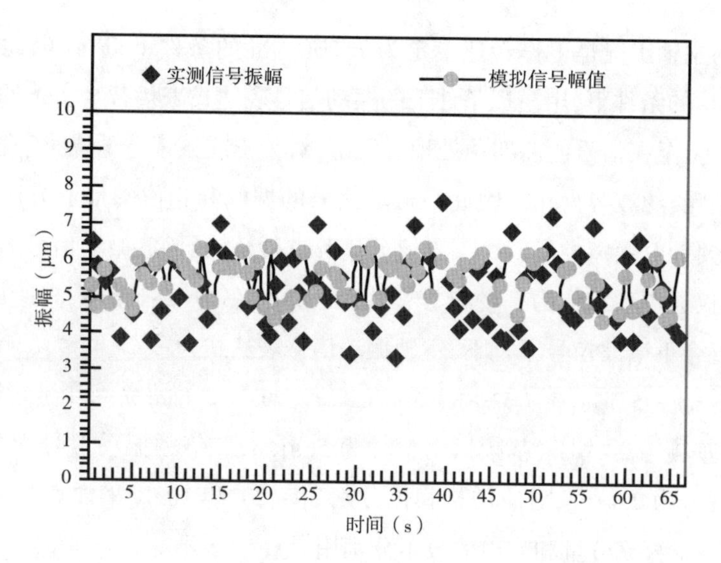

图 4.9　振动幅值对比

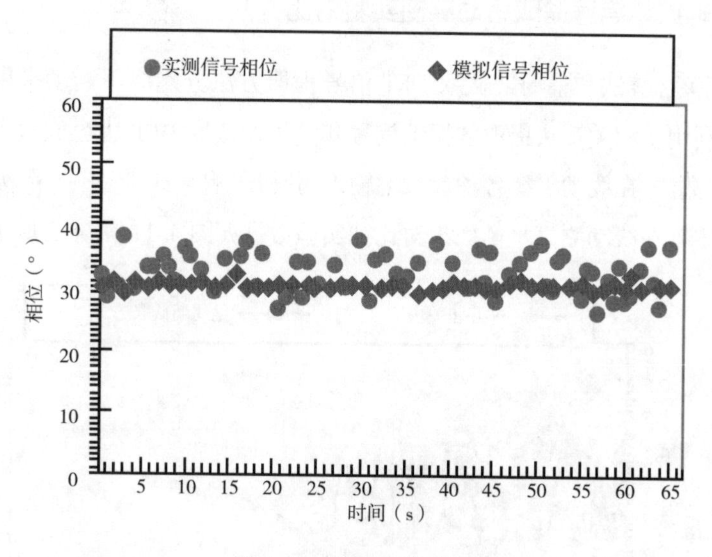

图 4.10　振动相位对比

位平均绝对误差为 2.15°，准确率为 92.53%。将含有基频、二倍频、三倍频的谐波信号和混有噪声、直流分量等谐波信号近似的代表主轴模拟实际工况下振动。完成实验对于不同振动信号提取方法的验证和实验与模拟条件下基频振动幅值之间 90.78%的相似度之后，可以将实验结果作为反馈值，校正和修改基于该实验平台的 SYL04H-1 型车床主轴，提出更加真实的振动信号表达式，为后续的相关研究做出铺垫并起到建设性的借鉴作用。

实验的主轴工况是工作转速设定为1500r/min的条件下进行，因此针对主轴转频为25Hz的条件下，用模拟条件下的振动信号表达式来代替真实条件下的主轴振动信号。由于在信号的前期预处理过程中，对于不同频率下的噪声、直流分量会进行小波消噪、滤波等操作。因此在振动信号的振幅和相位的提取方法研究这一部分，不需要针对噪声类型、大小、直流分量等进行精确研究，振动信号表达式会忽略该部分，仅通单项式作为一种符号替代就可以。在均匀白噪声、高斯白噪声、直流分量的混合下谐波信号干扰下，主轴振动信号表达式为：

$$x(t) = e + 5.5\sin(\omega t + 32.5) + 3.2\sin(2\omega t + 20) + 2.4\sin(3\omega t + 10) + s(t) \quad (4.3)$$

式中，主轴基频为24.6Hz，基频振动信号为5.5μm，二倍频振动信号为3.2μm，三倍频振动信号为2.4μm，对应的初相位分别30°、20°和10°。采样点数1000，采样频率1000Hz。直流分量和噪声的表示分别用e、$s(t)$表示。

4.2.3 主轴振动信号提取后动平衡实验对比

将互相关法算法和整周期截取DFT信号提取方法分别应用到动平衡软件测试系统中，将利用互相关算法提取的振动信号和整周期截取DFT法提取振动信号分别作为影响系数法，在线动平衡各项参数的输入，获得影响系数、校正质量、残余不平衡量等参数，主轴在线动测试平衡效果对比和实验数据如图4.11、表4.3所示。

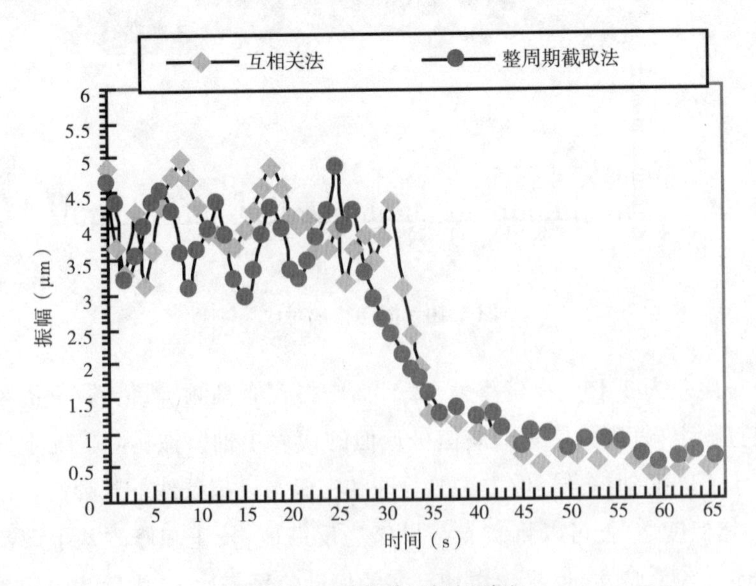

图4.11 平衡前后振幅对比

表 4.3　主轴动平衡实验数据

动平衡参数	互相关法	整周期截取法
初始不平衡量(μm)	4.75∠30°	4.96∠85°
试加配重(g)	10∠210°	10∠265°
加重后不平衡量(μm)	5.36∠85°	5.84∠110°
校正配重(g)	11∠260°	19∠115°
残余不平衡量(μm)	0.52∠130°	0.67∠70°
影响系数[μm/(g·mm)]	0.0078∠290°	0.0042∠260°

影响系数法在线动平衡多次实验表明,互相关法算法提取的振动信号作为影响系数法输入,振动的幅度明显减小,平衡精度达到 89.78%,残余平衡量低于整周期截取 DFT 法获得值,不平衡振动得到有效抑制。由此可见,嵌入互相关法算法程序应用到动平衡软件中,各性能参数达到设计要求,在单平面动平衡过程效果理想,可将该测试系统应用到其他类似工况主轴动平衡中,并推广到高速主轴双面动平衡测试。

互相关算法对主轴振动信号中的直流分量、噪声等干扰信号一直能力强,分别在模拟条件下与实验条件下完成主轴同频振动信号幅值和相位提取,振动信息完整、运算快、准确性高。互相关法算法提取主轴同频信号,目的在于为在线动平衡调控提供更输入数据,完成在线动平衡实验。结果表明,利用互相关法算法,主轴平衡效率、精度更高,更有效抑制主轴振动,平衡效果优于整周期截取 DFT 法,保证了以影响系数法为平衡调控策略准确性。

主轴在线动平衡准确的振动信息是获取影响系数的重要一部分,更加准确的影响系数为主轴在线平衡调控策略提供支持,对提高主轴平衡效率、提升平衡精度,减小设备噪声等方面意义重大。

4.3　基于全相位傅里叶变化的主轴不平衡振动特征提取

4.3.1　主轴振动信号特征提取仿真

4.3.1.1　基于 LabVIEW 的振动信号提取

首先在虚拟仪器中模拟仿真,在主轴的运转时,主轴的振动信号主要为式(4.4)

$$x(t) = a_0 + \sum_{i=1}^{n} a_i \sin(i\omega t + \phi_i) + s(t) \tag{4.4}$$

式中，a_0 为直流分量；$\sum_{i=1}^{n} a_i \sin(i\omega t + \phi_i)$ 表示为主轴振动的基频信号和倍频信号，当 $i=1$ 时，为基频信号，$i>1$ 时，是倍频信号，a_i 为幅值，ϕ_i 为相位；$s(t)$ 为噪声信号，包括均匀白噪声和高斯白噪声。

以上是主轴振动信号的一个基本模式，代表传感器采集到的信号中包含这些信息。因此，需要滤波得到基频信号。模拟振动信号的时域波形可设为均匀白噪声为软件自带，高斯白噪声的信号标准偏差为1，直流分量为2μm，转频信号为25Hz，对应的振动幅值为5μm，二倍频振动信号为3μm，三倍频振动信号为2μm，对应的初相位分别30°、20°和10°。采样点数1000，采样频率1000Hz。对应的函数式如下：

$$x(t) = 2 + 5\sin(50\pi t + \pi/6) + 3\sin(100\pi t + \pi/9) + 2\sin(150\pi t + \pi/18) + s(t) \tag{4.5}$$

在模拟信号中，有噪声和标准的谐波信号，在图4.12中为两种信号的波形图。

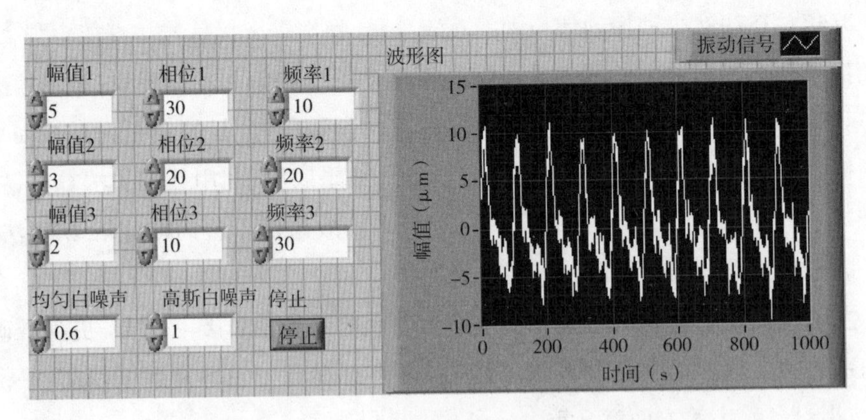

图4.12 模拟信号波形前面板

4.3.1.2 全相位FFT

在经过数字滤波器的主轴振动信号，可以得到主轴的振动基频信号。需要处理该基频信号，得到需要的主轴的振动幅值和相位。在以往的处理方法中，常见的方法有传统快速傅里叶变换法（FFT）、整周期截取法（DFT）和跟踪滤波法这三种。本书运用由天津大学王兆华教授提出的全相位快速傅里叶变换法（APFFT）来处理主轴的振动基频信号。

全相位快速傅里叶变换法是由天津大学的王兆华和侯正信于2007年首次提出，后经过不断的发展，已经成为数字信号处理中重要的工具。全相位FFT是基于FFT改进得来的，唯一的区别是他们在信号的预处理上不同。

图4.13是全相位数据预处理的统一流程。从图中可以看出，首先输入(2N-1)长度的离散信号，其次再用卷积窗 w_c 对这些长度的信号进行数据加权，然后再将每个数据加权结果隔离 N 个延时单元进行叠加，输出 N 个数据。

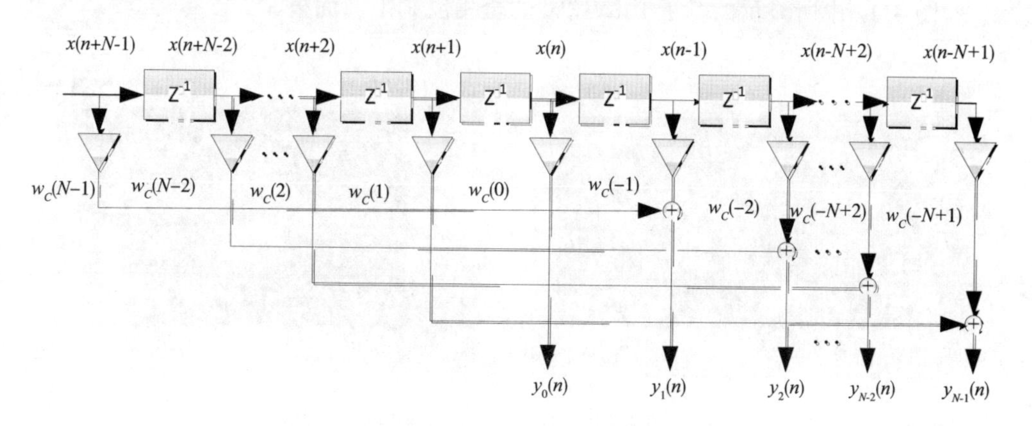

图4.13 全相位数据预处理流程图

在进行完输入序列的预处理之后，下面需要对信号进行谱分析，即处理振动信号。谱分析可以得出振动信号的幅值和相位。现在列出时间序列 $x(0)$ 的 N 点 N 维向量：

$$\begin{aligned} x_0 &= [x(0),x(1),\cdots,x(N-1)]^T \\ x_1 &= [x(-1),x(0),\cdots,x(N-2)]^T \\ &\cdots\cdots \\ x_{N-1} &= [x(-N+1),x(-N+2),\cdots,x(0)]^T \end{aligned} \tag{4.6}$$

再把 x_0 到 x_{N-1} 中的每个 $x(0)$ 移动到首位，得到另一个的 N 个 N 维向量：

$$\begin{aligned} x'_0 &= [x(0),x(1),\cdots,x(N-1)]^T \\ x'_1 &= [x(0),x(1),\cdots,x(-1)]^T \\ &\cdots\cdots \\ x'_{N-1} &= [x(0),x(-N+1),\cdots,x(-1)]^T \end{aligned} \tag{4.7}$$

对准 $x(0)$ 相加并取其平均值，则可得到全相位数据向量：

$$x_{ap} = \frac{1}{N}[Nx(0),(N-1)x(1)+x(-N+1),\cdots,x(N-1)+(N-1)x(-1)]^T \tag{4.8}$$

根据 DFT 的移位性质,式的对 $x'_i(n)$ 的离散傅里叶变换 $X'_i(k)$ 和式的 $x_i(n)$ 的离散傅里叶换 $X'_i(k)$ 之间有很明确的关系:

$$X'_i(k) = X_i(k)\mathrm{e}^{j\frac{2\pi}{N}ik} \qquad i,k = 0,1,\cdots,N-1 \tag{4.9}$$

对式(4.9)的 $X'_i(k)$ 进行求和平均即为全相位 FFT 的输出:

$$X_{\mathrm{ap}}(k) = \frac{1}{N}\sum_{i=0}^{N-1} X'_i(k) = \frac{1}{N}\sum_{i=0}^{N-1} X_i(k)\mathrm{e}^{j\frac{2\pi}{N}ik} = \frac{\mathrm{e}^{j\phi_0}}{N^2}\cdot\frac{\sin^2[\pi(\beta-k)]}{\sin^2[\pi(\beta-k)/N]} \tag{4.10}$$

图 4.14 中所显示的基于 LabVIEW 的全相位 FFT 前面板。

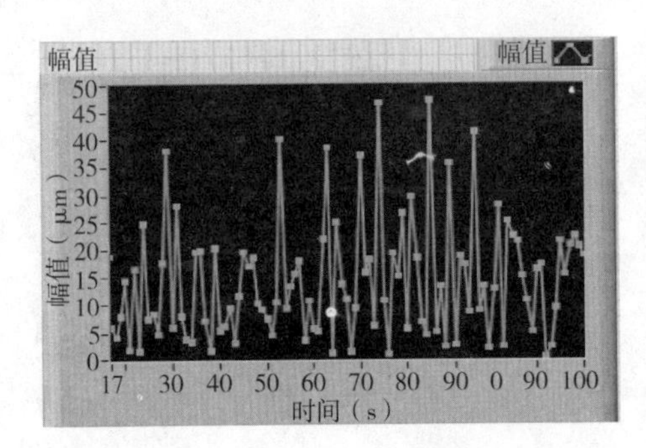

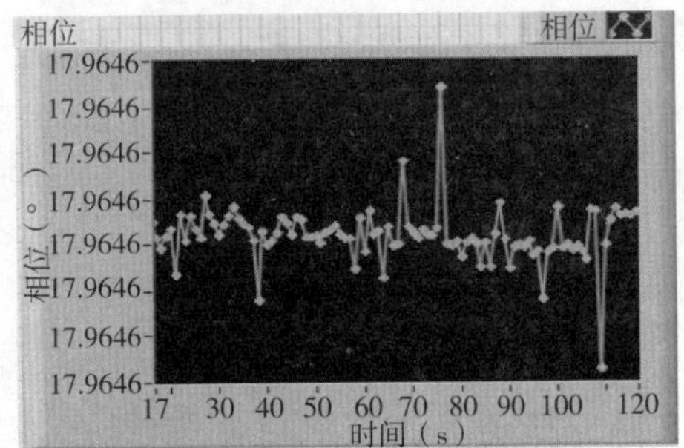

图 4.14　全相位 FFT 的前面板

4.3.1.3　不平衡振动信号处理方法的对比

比较四种振动信号处理方法,其中传统的 FFT 方法是最成熟和运用最广泛的方法,全相位 FFT 是基于 FFT 改进的方法,从原理上来说,得到的结果是由于传统的 FFT 的。在这四种方法中,着重对比的是提取的相位。下面从模拟到实验来对比这种四种方法。见表 4.4 和表 4.5。

表 4.4　整周期对比

项目	FFT	相关分析法	互功率法	全相位 FFT
幅值(μm)	4.7	4.88	4.95	4.7
相位最大值(°)	31.22	31.69	32.34	30
相位最小值(°)	29.75	28.63	28.12	28.96
差值(°)	1.47	3.06	4.22	1.04

表 4.5　非整周期对比

项目	FFT	相关分析法	互功率法	全相位 FFT
幅值(μm)	4.64	4.72	4.91	4.68
相位最大值(°)	33.14	33.87	34.77	30
相位最小值(°)	28.61	28.11	27.63	28.45
差值(°)	4.53	5.76	7.41	1.55

在测量中,主轴基频频率为 25Hz,但由于传感器的精度和系统的缺陷,在提取出的振动信号中,一般达不到 25Hz。因此,这四种算法分别以整周期 25Hz 和非整周期 24.4Hz 的条件下,做振动信号相位的提取。从表 3.4 和表 3.5 中看出,信号的整周期频率和非整周期频率对信号的处理结果有着很大的影响。这四种方法最稳定的是全相位 FFT,在整周期中,相位保持不变,在非整周期下,相位差为 1.55°。相比较于其他三种方法,全相位 FFT 对相位的提取最为稳定。但互功率法不管在整周期还是非整周期下,相位波动最大,最大可达到 7.41°。对比四种方法,可以得出信号的采样频率在整周期和非整周期下,全相位 FFT 得出的振动信号相位值是四种方法中最稳定的一种,且精度最高的一种。这是由于在全相位 FFT 相位谱分析时,不同于传统 FFT,在谱分析之前的三种预处理方法可以有效地抑制频谱泄漏,这导致后面谱分析时可以在不校正的情况下。可以得出初始相位的精确估计。选择使用全相位 FFT 作为信号处理的方法,可以为本文继续研究平衡装置配重块的移动策略打下坚实的基础。

4.3.2　主轴振动信号特征提取实验及对比

运用 LabVIEW 软件编写出全相位 FFT 的程序,提取主轴振动基频信号的幅值和相位。主轴在 1000~3500r/min 时,以 500r/min 为一个间隔。外加不平衡质量为 16.5g、22g 和 27.5g。运用全相位 FFT 的方法提取主轴的幅值的相位。

从表 4.6~表 4.8 中,可以看出 APFFT 不平衡相位的稳定性,虽然不及在模拟上的稳定,在 16.5g 不平衡质量下,最大的振动相位差值为 3.47°;在 22g 不平衡质量下,最大的振动相位差值为 4.82°;在 27.5g 不平衡质量下,最大的振动相位差值为 5.54°。现在把该方法与在线动平衡内置的方法跟踪滤波法作对比,在主轴转速 2000r/min、外加不平衡质量为 8.5g 的幅值和相位,得到图 4.15 和图 4.16。

表 4.6　16.5g 不平衡质量全相位 FTT 提取的幅值和相位

转速(r/min)	振幅(μm)	相位(°)
1000	4.68	57.58
1500	9.21	58.00
2000	8.86	59.64
2500	5.01	63.47
3000	8.10	61.66
3500	8.18	56.35

表 4.7　22g 不平衡质量全相位 FTT 提取的幅值和相位

转速(r/min)	振幅(μm)	相位(°)
1000	13.12	59.67
1500	14.98	58.65
2000	20.21	64.82
2500	11.86	62.88
3000	14.53	57.12
3500	13.44	55.24

表 4.8　27.5g 不平衡质量全相位 FTT 提取的幅值和相位

转速(r/min)	振幅(μm)	相位(°)
1000	17.50	62.11
1500	26.10	59.75
2000	13.17	64.88
2500	16.72	56.67
3000	23.35	55.45
3500	23.51	65.54

从图 4.15 可以看出,在线动平衡装置系统和全相位 FFT 提取主轴振动信号的幅值,相似度几乎达到百分之百。即全相位 FFT 在幅频处理上对于原有的方法没有任何优势。但从图 4.16 中得知,全相位 FFT 在相位谱分析上具有稳定性的优势,在图中,原有方法的相位在 30°左右分布,最后的平均值为 32.86°。而全相位 FFT 的相位谱分析非常稳定,几乎在 50s 的时间之内呈一条直线,平均相位值为 30.12。

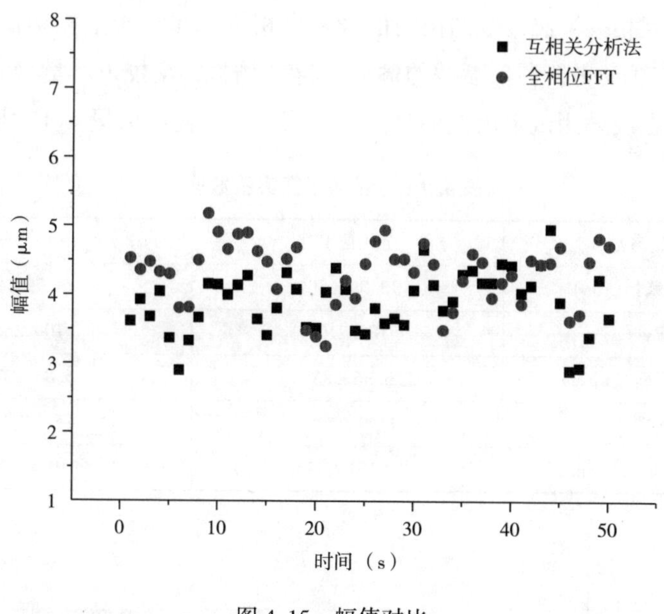

图 4.15　幅值对比

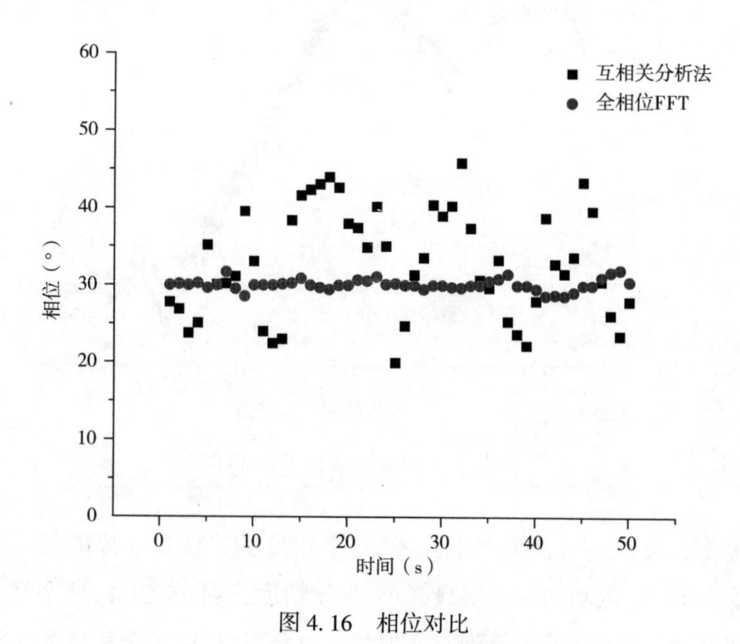

图 4.16　相位对比

4.3.3　不平衡特征提取后动平衡实验

将互相关法算法和全相位 FFT 法信号提取方法分别应用到动平衡软件测试系

统,是将利用互相关算法提取的振动信号和全相位 FFT 法提取振动信号分别作为影响系数法在线动平衡各项参数的输入,获得影响系数、校正质量、残余不平衡量等参数,主轴在线动测试平衡效果对比和实验数据如表 4.9、图 4.17 所示。

表 4.9　主轴动平衡实验数据

动平衡参数	全相位 FFT	互相关分析法
初始不平衡量(μm)	13.39∠30°	14.79∠85°
试加配重(g)	10∠210°	10∠265°
加重后不平衡量(μm)	5.36∠85°	5.84∠110°
校正配重(g)	11.9∠230°	15.1∠345°
影响系数[μm/(g·mm)]	0.0161∠337°	0.014∠260°

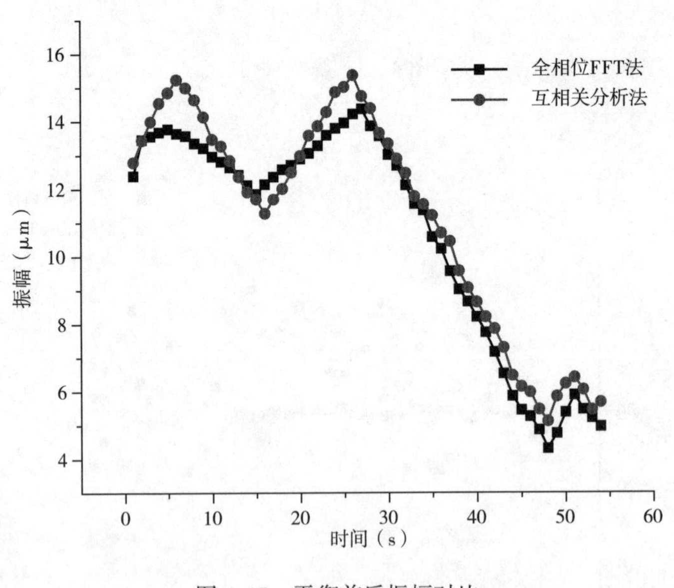

图 4.17　平衡前后振幅对比

影响系数法在线动平衡多次实验表明,全相位 FFT 法算法提取的振动信号作为影响系数法输入,振动的幅度明显减小,平衡精度达到 65.21%,残余平衡量低于互相关法获得值,不平衡振动得到有效抑制。由此可见,嵌入全相位 FFT 算法程序应用到动平衡软件中,各性能参数达到设计要求,在单平面动平衡过程效果理想,可将该测试系统应用到其他类似工况主轴动平衡中,并推广到高速主轴双面动平衡测试。

4.4　本章小结

本章主要介绍了主轴系统不平衡振动特征提取的应用实例。第 1 节主要介绍了振动信号的采集装置,包括振动传感器和数据采集器。第 2 节主要介绍了用互相关法提取主轴不平衡振动特征的提取过程,并进行仿真和实验的验证以及提取后动平衡效果的测试。第 3 节主要介绍了基于全相位 FFT 方法的主轴系统不平衡振动特征的提取过程,通过仿真和实验进行了验证及动平衡效果的测试。

第5章　主轴动平衡调控技术实现及影响因素

5.1　主轴在线动平衡调控技术应用

主轴在线动平衡调控方法采用影响系数法,在获取影响系数法矢量的过程中,需要通过实验测量得到的各个输入参数有:主轴的初始振动幅值和相位、试加质量块大小和相位,试加质量块之后获得的动幅值和相位、质量块的试加半径;计算得到的输出参数有影响系数矢量、质量块的补偿量大小和相位。程序前面板包含初始振动信息的输入,试重信息的输入、试重后振动信息的输入和结果的显示。

对于影响系数法在线动平衡调控实验,最核心的目的就是通过影响系数这个中间量,获得最终的补偿质量块的大小和相位,只有获得精确的输出参数值,才能够控制主轴内部的电磁滑环式平衡装置进行质量块的移动,最终达到抵消主轴不平衡量的目标,从而降低主轴的振动。

5.1.1　单面检测主轴在线动平衡技术应用

实验过程选取主轴转速从低转速(400r/min)开始,每次提升100r/min,主轴转速逐渐升高至4000r/min。在低转速下,主轴振动较低,运行状况平稳,此时的主轴系统为刚性系统。随着主轴转速的提高,特别是当主轴转速达到约2000r/min时,主轴的后端振动开始有更大的振幅波动,由于主轴后端支撑较弱,并且连接电动机和传送带,此时检测到的主轴端面圆跳动也很大。

整个主轴在线动平衡转速范围400~4000r/min,实验过程需要对每一转速下都进行主轴的偏摆补偿质量、不平衡量的测量、停机试加质量块等在线动平衡一系列操作。以振幅作为衡量指标,在刚刚进入目标转速时,主轴振幅有些不稳定,短暂波动之后,主轴振幅逐渐上升,此时平衡系统检测到在该转速下产生新的不平衡量，利用平衡系统内部的影响系数算法，将升高的振幅以及相位参数作为算法输入，进行新平衡量的计算，并输出指令到控制系统，指示平衡头内部质量块的移动以达到质量补偿目的，将产生的新不平衡量消除掉。

平衡系统内部所编制的平衡算法程序实际上是将接收到的5个连续振幅输出值求平均值，然后在上位机的前面板显示一个振幅值，所以前面板显示图中的每一个点实际代表着连续5个主轴振幅的平均值。经过一段时间的自动平衡过程，可看见振幅开始逐渐降低，并最终在一个稳定的区间内小范围波动。

选取4个不同转速下的主轴平衡过程各个参数，对比不同转速下的平衡效果，结果如表5.1。图5.1为1600r/min下的主轴平衡前后效果图，更加直观表现了基于影响系数法的平衡调控过程。

在获取影响系数法矢量的过程中，影响各个输入参数的因素有主轴转速、试加质量块的大小、试加质量块的相位，在完成不同转速下的主轴平衡后，还需要对平衡调控过程的各个因素展开分析，同时还要从振动检测方法、调控方法的改善两个方面进行研究与分析。

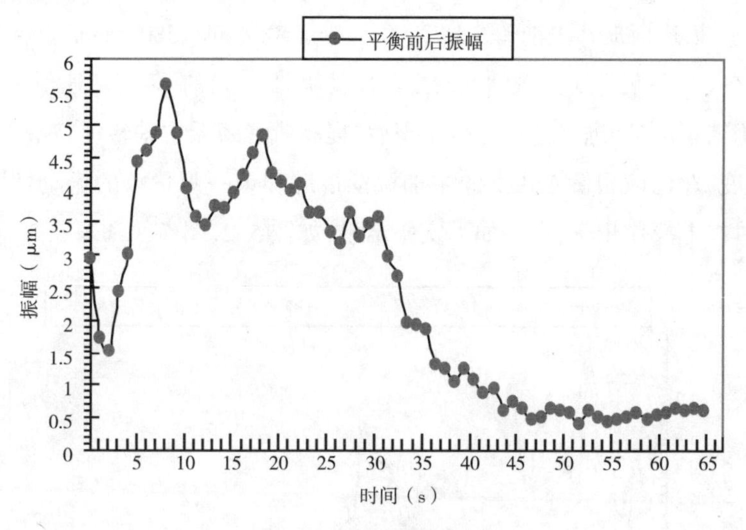

图5.1　平衡前后振幅

表5.1　机械主轴动平衡试验数据

主轴转速(r/min)	2000	2500	3000	3500
初始振动(μm∠°)	6.24∠40	8.18∠55	9.51∠60	11.35∠90
试加配重(g∠°)	10∠310	11∠120	12∠15	13∠30

续表

主轴转速(r/min)	2000	2500	3000	3500
加重后振动(μm∠°)	7.45∠90	9.72∠105	10.38∠110	13.45∠40
校正配重(g)	10.5∠210	11.6∠345	13.6∠265	13.8∠135
残余不平衡(μm∠°)	1.18∠125	1.54∠70	1.86∠50	2.76∠155
影响系数[μm/(g·mm)]	0.00981∠125	0.0116∠40	0.0121∠155	0.0136∠315
平衡效率(%)	84.69	81.17	80.44	78.84

5.1.2 单面全矢量检测主轴在线动平衡技术应用

5.1.2.1 单面水平和垂直方向检测

针对单面影响系数法,在实验中仅仅采用单一点的振动数据采集方式进行改进。实验过程为,首先在主轴的前端分别采用两个接触式位移传感器,分别贴附在主轴前端端面的水平方向和垂直方向,整个实验操作过程和上一节的过程一致,结束后,在主轴后端采用两个接触式位移传感器,分别贴附在主轴前端端面的水平方向和垂直方向。

启动主轴,逐渐提升主轴转速到3000r/min、3400r/min、3800r/min和4200r/min,分别记录在这4种转速下空载情况的主轴振动幅值。选择在某一转速下进行在线动平衡,平衡结束,主轴进入稳定运行状态后,提高或者降低主轴转速,观察主轴振动状态的改变,对比该测量方式下的主轴振动情况和单一测量点的振动情况。通过实验,经过以上操作步骤,得到如下实验结果,如图5.2、图5.3和表5.2所示。

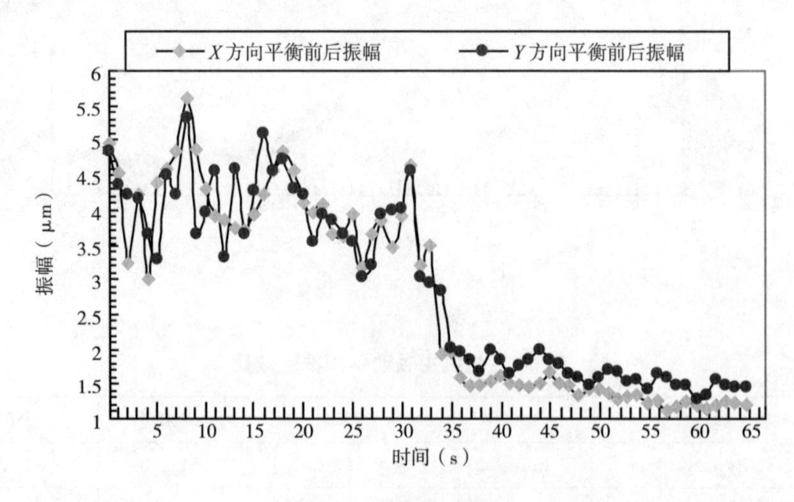

图5.2 平衡前后振幅

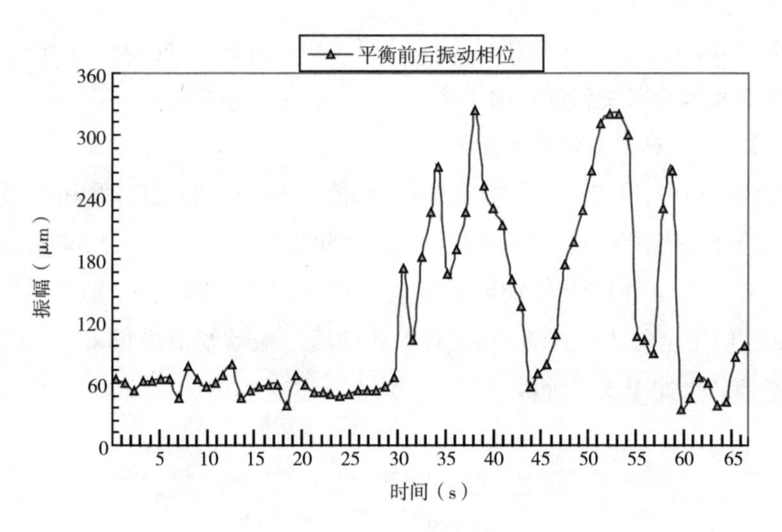

图 5.3　平衡前后振动相位

表 5.2　单面动平衡实验数据

测量参数	X	Y
初始振动(μm∠°)	4.95∠40	5.28∠242
初次试加质量(g∠°)	11∠180	11∠160
加重后振动(μm∠°)	5.43∠95	5.64∠185
校正配重量(g)	11.3∠233	11.1∠276
影响系数[μm/(g·mm)]	0.0072949∠327	0.00803∠326
残余振动(μm∠°)	1.23∠140	1.45∠175
平衡效率(%)	75.15	72.53

未进行动平衡前，主轴在工作转速 3000r/min 时，对主轴的水平方向和垂直方向分别进行振动测量，在水平方向的初始振动幅值为 4.95μm，振动相位平均值为 40°，经过动平衡实验后的主轴最终振动幅值为 1.23μm，整个动平衡过程中振幅降低 75.15%。在竖直的方向进行振动初始幅值测量为 5.28μm，振动相位平均值为 242°，经过动平衡实验后的主轴最终振动幅值为 1.45μm，整个动平衡过程中振幅降低 75.15%。在完成整个动平衡操作后，振动幅值相对较小。对于振动相位来说不再是一个相对稳定位置了，在 30°～330°角度范围往复波动，表明在主轴达到平衡状态时，探寻振动相位较为困难，证明了主轴振动降低，运行状态相对。在线动平衡效果比较理想，不过在水平和垂直两方向的残余振动比较大，仅通过单面影响系数法对主轴进行在线动平衡，无法全面、准确把控主轴实际运行状态，特别是随

着转速的提高,主轴会进入柔性状态,此时不能单纯利用单面影响系数法,而是运用双面影响系数法对主轴进行动平衡。

5.1.2.2 主轴中心振动轨迹拟合

在实验过程中,设定检测系统允许振动幅值0.36μm。系统振动幅值超出设定值后,控制器输出控制指令,自动平衡操作。因实验装置的临界转速为2400r/min,所以仅在临界转速以下和以上分别做了自动平衡实验,所选转速分别为2200r/min,3500r/min,应用全矢法在线动平衡,对平衡前后的振动幅值进行采样、曲线拟合,最终的平衡效果如图5.4所示

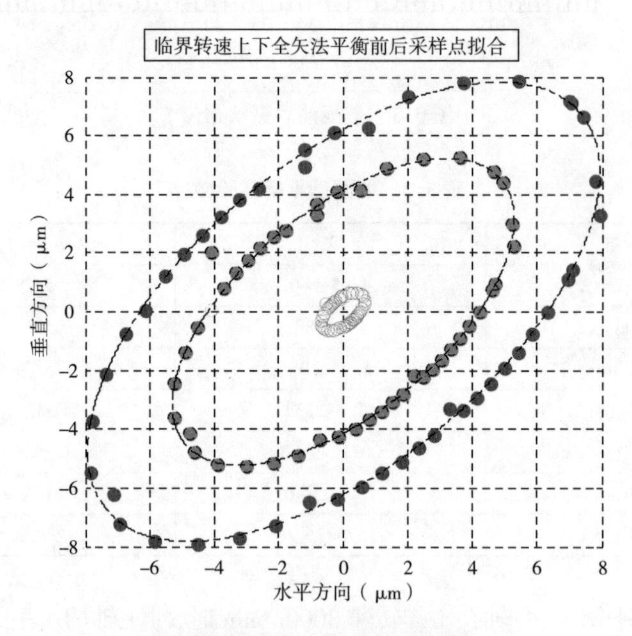

图5.4 全矢法平衡前后振幅

在2200r/min的转速下,系统初始振动峰峰值为11.24μm,经过自动平衡后,系统振动峰峰值降低至0.90μm,振幅下降比例达91.96%;在3500r/min的转速下,系统初始振动振动峰峰值为15.96μm,经过自动平衡后,系统振动幅值降低至1.32μm,振幅下降比例达91.72%。从实验效果可知,应用全矢法在线动平衡,获得的振动效果良好,振动幅值降低显著,平衡性能可靠。

5.1.2.3 平衡效果

在1500r/min和2000r/min转速下,主轴初始振动峰峰值分别为9.13μm、11.24μm,经过自动平衡后,系统振动峰峰值分别降低至0.96μm、1.12μm,振幅下

降比例为89.58%、90.03%；在3000r/min和3500r/min转速下，主轴初始振动振动峰峰值为14.96μm、16.68μm，经过自动平衡后，系统振动幅值降低1.83μm、2.42μm，振幅下降比例分别为87.76%、85.49%。从实验效果图5.5可知，应用全矢法在线动平衡，获得的振动效果良好，振动幅值降低显著，平衡性能可靠。

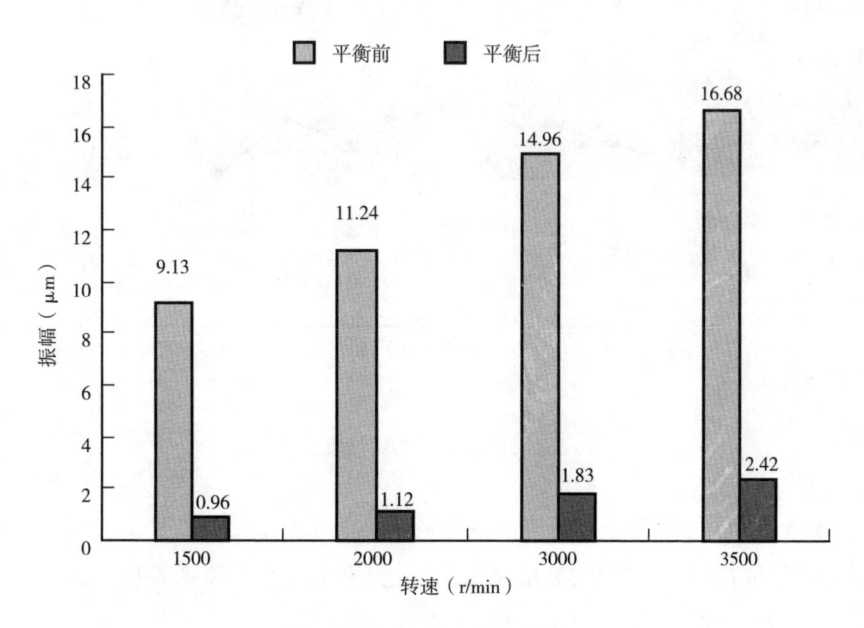

图5.5　全矢法平衡前后振幅

5.1.2.4　灵敏度与试加质量大小关系

平衡灵敏度表示机器振动响应对于不平衡变化的量度。灵敏度越高，表明主轴对不平衡量的变化更加敏感，即添加较小的校正质量就会减小主轴较大振动量，残余振动降低。由于单面影响系数法在线动平衡以主轴检测面上的残余振动评价振动效果，因此，提高平衡灵敏度就可以有效提高动平衡精度。平衡灵敏度可以表示为：

$$K = \frac{|\Delta v|}{|\Delta u|} \tag{5.1}$$

式中：Δv 表示振动变化；Δu 表示不平衡量变化。水平方向（x 方向）振动、垂直方向（y 方向）振动和全矢工频不平衡响应可以分别表示为 K_x、K_y、K_r。

利用平衡灵敏度公式计算。该实验主轴试加质量块半径固定为60mm，可以换算成平衡灵敏度大小与试加初始质量块之间的关系，关系曲线如图5.6所示。

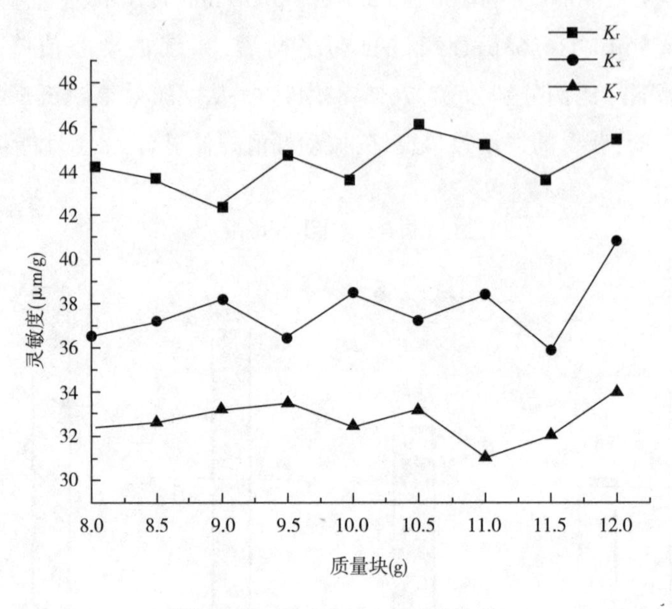

图 5.6　试加质量与灵敏度关系

由图 5.6 可知,全矢动平衡方法测得的平衡灵敏度 K_r 值大于分别在水平方向 K_x 和垂直方向 K_y 单独测得的灵敏度,并且全矢平衡灵敏度值随着初次试加质量块大小变化平稳,曲线光滑。

全矢动平衡方法平衡效率和精度与双面动平衡相比,平衡效率、精度更加显著,平衡不仅不局限于单一振动方向测量,从水平、垂直两个方向同时检测主轴运行状态,振动幅值,避免原始误差积累导致的更大误差,实现更精确测量。

基于影响系数法的全矢在线动平衡在高速主轴实验过程得到良好应用,在减小设备噪声、降低损耗、延长使用寿命、保证安全生产方面意义重大,该方法也为高速机械主轴在线动平衡调控策略提供了基础和依据,具有工程应用价值。

5.1.3　双面全矢量检测主轴在线动平衡技术应用

主轴双面动平衡工作转速 3000r/min,*R* 面、*S* 面两个平衡校正面,对主轴的水平方向和垂直方向分别进行振动测量。

校正面 *R* 在水平方向的初始振动幅值为 4.96μm,振动相位平均值为 55°,经过动平衡实验后的主轴最终振动幅值为 0.91μm,动平衡过程振幅降低 81.6%。校正面 *R* 在垂直方向的初始振动幅值为 5.14μm,振动相位平均值为

60°，经过动平衡实验后的主轴最终振动幅值为 0.87μm，动平衡过程中振幅降低 84.2%。

校正面 S 在水平方向的初始振动幅值为 5.34μm，振动相位平均值为 235°，经过动平衡实验后的主轴最终振动幅值为 0.96μm，整个动平衡过程中振幅降低 82.1%。校正面 S 在垂直方向的初始振动幅值为 5.40μm，振动相位平均值为 225°，经过动平衡实验后的主轴最终振动幅值为 0.84μm，整个动平衡过程中振幅降低 84.4%，实验数据如表 5.3。

表 5.3　双面动平衡实验数据

测量参数	校正面	水平	垂直
初始振动（μm∠°）	R	4.96∠55	5.14∠60
	S	5.34∠235	5.40∠225
面 R 加质量块振动（μm∠°）	R	5.52∠359	5.85∠179
	S	5.68∠5	5.96∠170
面 S 加质量块振动（μm∠°）	R	5.46∠356	5.73∠175
	S	5.38∠3	6.12∠172
初次试加质量（g∠°）	R	11∠165	11∠140
	S	11∠195	11∠170
校正配重量（g∠°）	R	11.1∠277	11.2∠254
	S	11.2∠307	11.2∠280
残余振动（μm∠°）	R	0.91∠213	0.96∠65
	S	0.87∠225	0.84∠70
平衡效率（%）	R	81.6	84.2
	S	82.1	84.4

主轴双面在线动平衡平衡效率比单面动平衡效率提高 10%。由于主轴转速在 2400r/min 附近时，振动幅烈度很大，整个测试平台发生了共振，随着转速的提高，主轴经过临界转速，进入柔性状态，此时应用双面在线动平衡准确进行在线动平衡，平衡精度至少达到 80%。实验结果如图 5.7 和图 5.8。

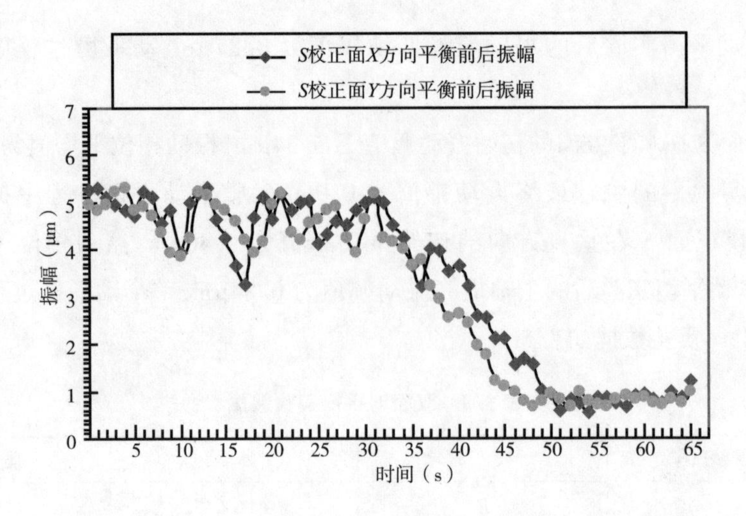

图 5.7　S 校正面平衡前后振幅

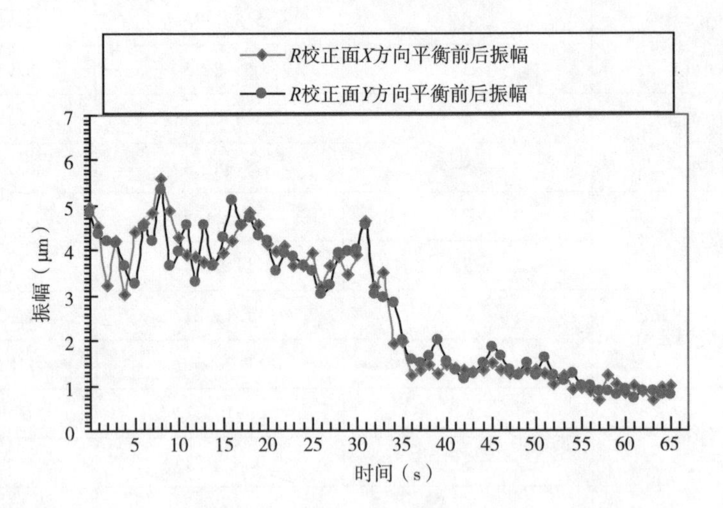

图 5.8　R 校正面平衡前后振幅

由于单面动平衡的效果只在一定转速范围内有平衡效果，超出临界转速范围就不能单纯再按照刚性轴的动平衡方法，此时应采用柔性轴的动平衡方法，通过应用双面在线动平衡方法，在水平方向和垂直方向分别检测主轴振动，进行实时在线动平衡，通过对比，双面动平衡的平衡精度和效率明显高于单面动平衡。

双面影响系数法在线动平衡技术的应用降低了主轴振动幅值，提高了机械主轴平衡效率，提升了平衡精度，对减小设备噪声、降低损耗，该方法也为高速机械主轴在线动平衡调控策略提供了基础和依据，具有一定的工程应用价值。

5.2　主轴在线动平衡调控影响因素分析

影响高速主轴在线动平衡效果存在多方面因素，以影响系数法作为平衡调控方法，主要基本思想是主轴与轴承组成的线性系统，其振动响应是主轴的不平衡量引起的振动响应线性叠加，在平衡面上的单位不平衡量引起的振动响应称为影响系数。使用单面平衡的影响系数法进行动平衡运算，具体计算方法流程图5.9所示。

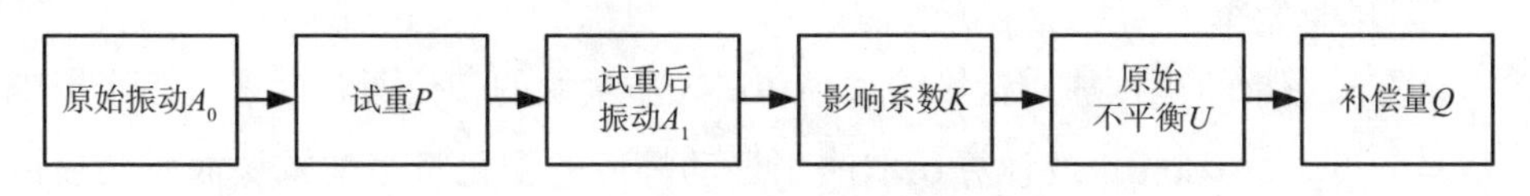

图5.9　影响系数计算流程图

第一步，主轴不加试重，起动主轴至待平衡转速，测得校正平面位置的原始振动的幅值和相位A_0。

第二步，停机加试重P至转子校正平面上，重新起动至相同的转速，测量加试重后的振动的幅值和相位A_1。

第三步，计算影响系数$K=(A_1-A_0)/P$，得到原始不平衡量$U=-A_0/K$，通过平衡装置调控质量块的移动，使得补偿量与不平衡量大小相等、方向相反，$Q=-U$。

影响系数的计算，需要的输入参数有主轴初始振动响应、试加质量块矢量、试加质量块后的振动响应，输出参数为影响系数矢量和校正质量块矢量。

在获取影响系数法矢量的过程中，影响各个输入参数的因素有：主轴转速、试加质量块的大小、试加质量块的相位，因此需要分析基于影响系数法的平衡调控过程的因素分析，同时还要从振动检测方法、调控方法的改善两个方面进行研究与分析。

(1)主轴转速

展开在线动平衡实验研究，需要研究关于转速和实验平台之间的关系。主轴系统在其他速度下，支承底座和电动机外壳的振动很小，但当转子系统的转速超过2400r/min以后，主轴的后端振动开始有更大的振幅波动。从主轴安装的角度来看，主轴后端支撑较弱，而且连接电动机和传送带，检测到的主轴端面圆跳动也很大,查阅相关文献并结合以前的实验分析、现场实际情况进行深入研究。主轴低速运转时,可以将主轴看作刚性系统,进行动平衡后平衡效果比较合理,效果比较稳定,但如果在高速下,主轴系统可能会进入柔性状态,如果此时还将主轴看成是刚性系统,则在进入某一转速后对于系统的动平衡效果会产生影响,所以,需要对于主轴转速选择在多种不同的转速下,进行动平衡的振动响应测量。由于主轴的原始不平衡量计算依赖于振动信号的幅值和相位,而不同转速下的振动响应又是不同的,对于不同转速之间的切换方式也会影响振动响应的变化,如从低转速下升速和从高转速下降速这两个过程的在线动平衡效果也会不同,所以,必须探究主轴转速对动平衡效果影响。

(2)试重矢量

试重矢量指的是试加质量块的大小和试加质量块的相位两个因素。由于影响系数是矢量,大小和相位的计算还取决于振动幅值的变化量与配重块放置角度的变化。配重块放置在不同的角度,会产生不同的振动幅值变化与相位的变化。因此,从实验的角度需要验证振动幅值的变化量与配重块放置角度这两个参数对于影响系数大小计算的作用。

由于针对机械主轴初次试加质量块的计算公式少,而且没有严格、准确的公式,大多数动平衡工作都是根据现场情况和过往经验进行初次质量块的选取,一般的经验公式更多的应用于大型转子设备,如引风机、压缩机等,这些设备从功率、质量、体积、振动烈度、转速的各方面都比机械主轴更大。一般的经验公式更适合对大型的转子设备进行初次质量块的估计,而且在大型的转子设备上应用的十分广泛,特别在降低热电厂鼓风机设备振动等方面拥有良好实践与效果。

主轴系统必须改进经验公式,使经验公式符合该实验平台的要求。研究质量块试加角度,需要验证振动幅值的变化量与配重块放置角度这两个参数对于影响系数大小计算的作用和对动平衡效果影响。

(3)检测方法

针对单面影响系数法,在实验中仅仅采用单一点的振动数据采集方式进行改进。检测方法思路,首先在主轴的前端分别采用两个接触式位移传感器,分别贴附在主轴前端端面的水平方向和垂直方向,整个实验操作过程和主轴单面在线动平衡操作过程一致,结束后,在主轴后端采用两个接触式位移传感器,分别贴附在主轴前端端面的水平方向和垂直方向。

检测方法预期效果，全矢量检测在线动平衡方法平衡效率和精度与主轴单面在线动平衡相比，平衡效率、精度更加显著，平衡不仅不局限于单一振动方向测量，从水平、垂直两个方向同时检测主轴运行状态和振动幅值，避免原始误差积累导致的更大误差，实现更精确测量。

5.2.1　转速对试验平台的影响

实验研究过程中，转速和实验平台之间的关系如图 5.10 所示。主轴系统在其他速度下，支承底座和电动机外壳的振动很小，但当转子系统的转速超过 2400r/min 以后，主轴的后端振动开始有更大的振幅波动，从主轴安装的角度来看，主轴后端支撑较弱，而且连接电动机和传送带，检测到的主轴端面圆跳动也很大，查阅相关文献并结合以前的实验分析、现场实际情况推测是带传动系统影响了主轴后端的振动。

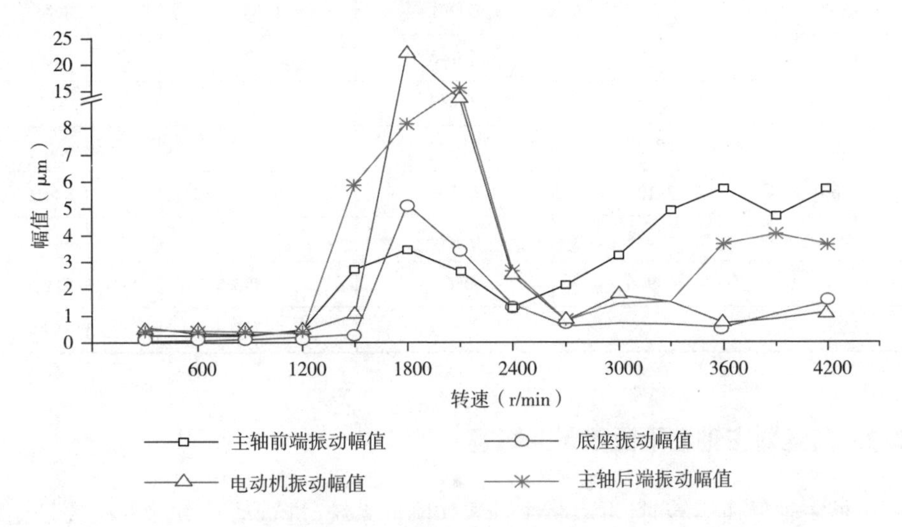

图 5.10　实验平台振动幅值对比

为了研究主轴后端的振动在主轴进入较高转速后的振动加剧的问题，首先将振动位移传感器放置在主轴后端的端面一侧，在不改变主轴支撑结构的情况下，从 1200r/min 时开始测量振动情况，然后以每次提高 200r/min，连续升至 3400r/min 后停止，记录振动幅值、主轴末端振动烈度。

更改主轴支撑方式，为保证主轴的平衡与安装精度，在主轴前后端分别放入具有轻度弹性的橡胶,目的是减轻主轴与加持结构之间的刚性接触。由于之前电动机和主轴之间的距离和高度也存在一定偏差,重新调整电动机和主轴之间的距离、高度,使二者之间的距离和高度更加精准,主轴末端的皮带轮和皮带之间的配合精度也存在问题,经过测量,选择一组配合精度更高的一组皮带。在主轴的后端再次安置与原来同一个位置的位移传感器,进行主轴端面振动检测,经过与上一步同样的实验测量方式和步进转速后,得到如下实验结果,如表 5.4 所示。

表 5.4　实验平台各处振动幅值

转速 (r/min)	主轴前端振动幅值 (μm)	底座振动幅值 (μm)	电动机振动幅值 (μm)	主轴后端振动幅值 (μm)
300	0.261	0.04	0.551	0.461
600	0.244	0.063	0.328	0.430
900	0.249	0.111	0.279	0.397
1200	0.467	0.189	0.405	0.325
1500	2.717	0.291	1.033	5.894
1800	3.45	5.148	22.522	8.190
2100	2.637	3.438	10.895	15.572
2400	1.302	1.397	2.478	2.650
2700	2.131	0.599	0.809	0.814
3000	3.228	0.695	1.731	1.421
3300	4.926	0.66	1.496	1.511
3600	5.724	0.539	0.717	3.660

5.2.2　转速对主轴动平衡效果的影响

机械主轴低速运转时,可以将主轴看作刚性系统,进行动平衡后平衡效果比较合理,效果比较稳定。但在高速下,主轴系统可能会进入柔性状态,此时如果还将主轴看成是刚性系统,则在进入某一转速后对于系统的动平衡效果会产生影响。测量主轴转速在 3400r/min、3600r/min、3800r/min、4000r/min 四种不同的转速下,进行动平衡的振动响应测量。

实验操作思路为:主轴在某一转速下进行在线动平衡,平衡结束,主轴进入稳定运行状态后,提高或者降低主轴转速,观察主轴振动状态的改变,并研究主轴的逐渐升速和逐渐降速哪种转速改变方式对于主轴的平衡状态影响更大。

实验操作过程为：启动主轴，逐渐提升主轴转速到3000r/min、3400r/min、3800r/min和4200r/min，分别记录在这四种转速下空载情况的主轴振动幅值。

首先在3000r/min开始主轴在线动平衡，按照单面影响系数法在线动平衡的操作步骤，添加试重，分别记录添加试重前后的主轴振幅，经过单面平衡系统程序的计算，将平衡指令传输给控制系统，主轴的在线动平衡操作过程是基于平衡装置内部的质量块的移动，在平衡前后的记录振动幅值等相关数据，并且在该转速下进行平衡，达到稳定状态之后，再调整主轴转速，分别将主轴转速提升至3400r/min、3800r/min和4200r/min，记录在三种转速下的主轴振动不平衡情况。

接着调整主轴转速回到3400r/min，继续按照单面影响系数法在线动平衡的操作步骤，添加试重，分别记录添加试重前后的主轴振幅，经过单面平衡系统程序的计算，进行该转速下的主轴在线动平衡，记录平衡之后的振动幅值。

该转速下的平衡状态稳定之后，调整主轴转速，分别将主轴转速提升至3800r/min和4200r/min，记录在两种转速下的主轴振动不平衡情况；接着调整主轴转速回到3800r/min，进行该转速下的主轴在线动平衡，记录平衡之后的振动幅值。该转速下的平衡状态稳定之后，调整主轴转速，分别将主轴转速提升至4200r/min。

最后在主轴转速为4200r/min的工况下，进行主轴在线动平衡，记录平衡之后的振动幅值，平衡稳定之后，开始降低主轴转速分别至3800r/min、3400r/min、3000r/min这三种转速下，并记录各自转速下的振动情况。不同转速下振动幅值如图5.11。

对实验结果进行整理，以测点为横轴，幅值为纵轴，绘制主轴在不同转速下动平衡后的稳定性对比结果。从实验结果中可以看出，首先主轴在未平衡时，各转速下振动都较大。

在3600r/min动平衡后，降速至3400r/min振动幅值基本不变，升速到3800r/min和4000r/min，振幅提高；在3800r/min动平衡后，降速或升速，振幅都有不同程度的提高；同样地，在4000r/min动平衡后再降速，振幅也有不同程度的提高。改变转速对动平衡效果有影响，改变主轴转速升降方式对主轴的振动幅值改变也存在一定的影响。系统在3400r/min和3600r/min的变化规律相似，在3800r/min和4000r/min的变化规律相似。

改变转速对于实验平台的动平衡效果有影响，原因是整个系统已经越过临界

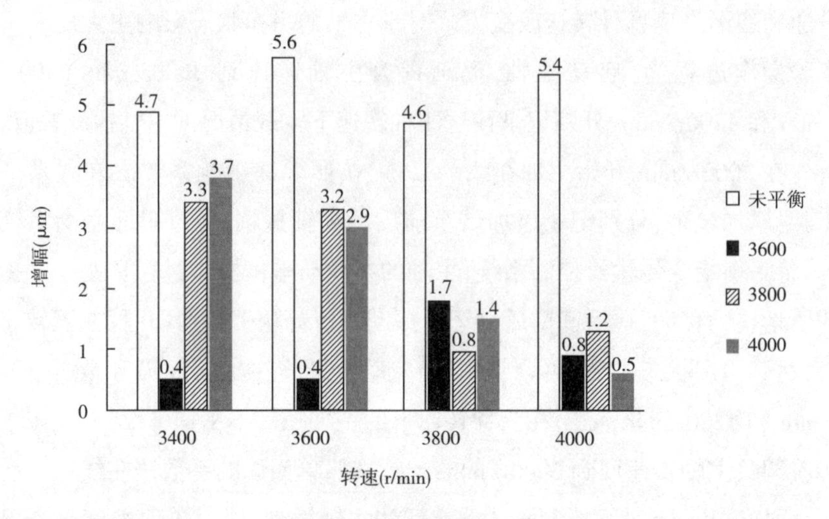

图 5.11　不同转速下振动幅值

转速，工作在柔性状态，不能单纯按照刚性轴的动平衡方法，应当采用柔性轴的双面影响系数动平衡方法。

5.2.3　试重块试加角度对动平衡效果的影响

实验在主轴端面不同角度试加相同质量 10.0g 的配重，试重角度每隔 30°试加一次，一周共试加 12 次，测量添加试重块前后主轴振动情况，将得到的振动幅值差值和试加质量块角度差值一一对应。

统计添加的加试重角度、试重前后振动的幅值差、相位差、影响系数的大小，各个量一一对应的，结果如表 5.5 所示。

表 5.5　在不同角度加试重的结果

加试重角度(°)	幅值差值(μm)	相位差值(°)	影响系数幅值[μm/(g·mm)]
15	0.14	14.65	0.00258
45	1.34	-20.68	0.00394
75	1.75	-30.42	0.00365
105	1.97	-25.26	0.00342
135	1.72	-18.55	0.00334
165	1.31	-9.23	0.00245
195	0.67	1.15	0.00124

续表

加试重角度(°)	幅值差值(μm)	相位差值(°)	影响系数幅值[μm/(g·mm)]
225	-0.35	8.28	0.00187
255	-0.94	9.72	0.00233
285	-1.25	20.12	0.00301
315	-1.48	27.16	0.00383
345	-0.88	17.65	0.00336

由于影响系数是矢量,大小和相位的计算取决于振动幅值的变化量与配重块放置角度的变化。由表5.5可知,配重块放置在不同的角度,产生不同的振动幅值变化与相位的变化。从实验的角度验证了振动幅值的变化量与配重块放置角度这两个参数影响系数大小的计算。

为直观反映试重前后振动的幅值差值、相位差值与试重角度以及计算得到的影响系数幅值这四者之间的关系,以试重的角度为横坐标,以振动幅值差和相位差为左、右纵坐标,以图中符号的大小来代表影响系数的大小,并标明数值[单位:10^{-3}μm/(g·mm)],结果如图5.12和图5.13所示。

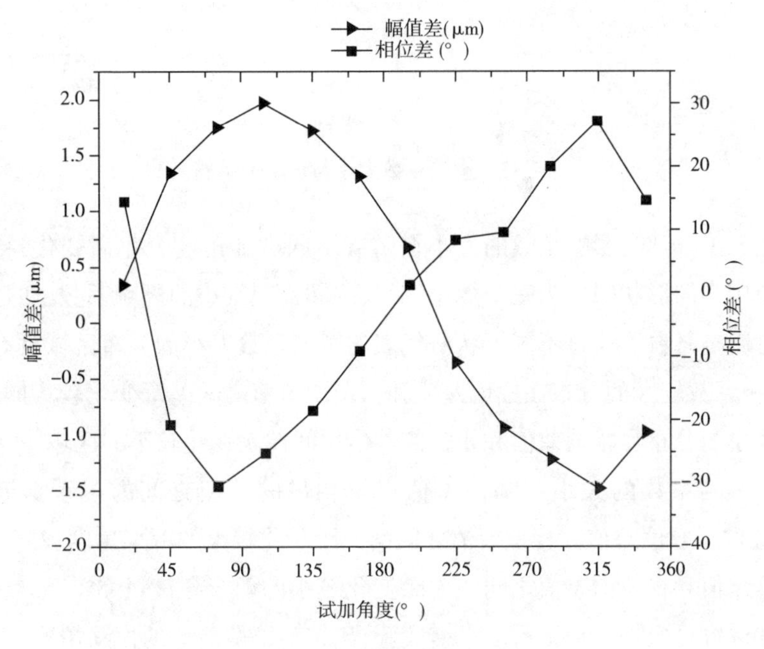

图5.12　幅值差值和相位差值与试重角度关系

由图 5.12 可知,幅值差值测变化呈现出正弦曲线变化,相位差值呈现出余弦曲线变化。试加角度在 45°~135°,幅值差值和相位差值之间的差距变化较大而在之后开始收窄,当试加角度在 225°~315°时,幅值差值和相位差值之间的差距变化再次出现,并呈现逐渐增大趋势。

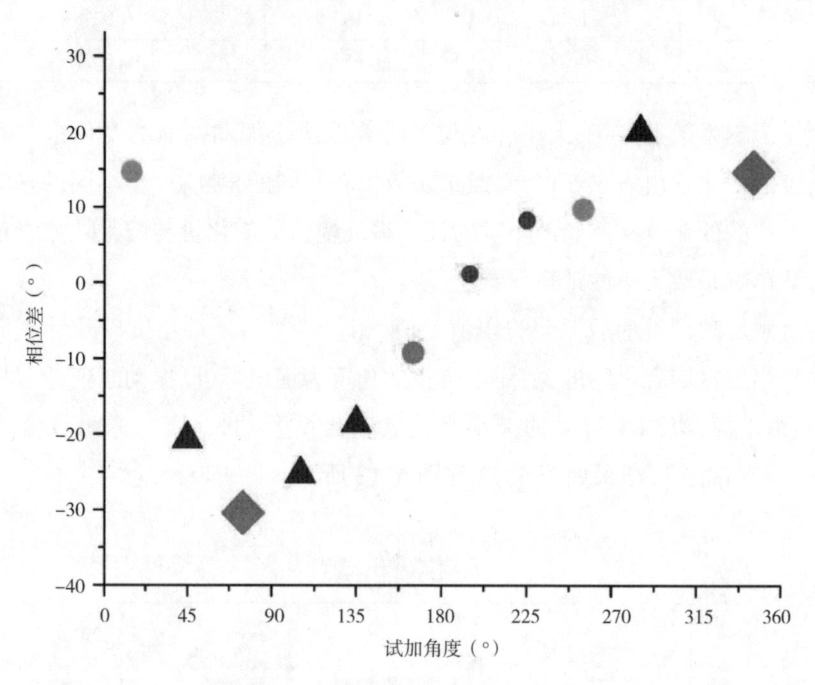

图 5.13　影响系数大小与角度关系图

由图 5.13 可知,影响系数的大小在随着不同试加角度变化而变化,将影响系数的大小用不同形状归结为三个大小等级,圆圈代表较小的影响系数,四边形代表较大大地影响系数。通过不同形状所代表的影响系数大小的分布区域具有一定规律性:影响系数较大的分布在幅值差值和相位的差值之间差距变化较大的区域,影响系数较小的分布在幅值差值和相位的差值之间差距变化较小的区域。

展开影响系数的大小和幅值差值以及相位的差值之间的关系探究。根据图 5.12选取了幅值差值和相位差值之间的差距变化较大的两个角度:75°、315°,在选取幅值差值和相位的差值之间的差距变化较小的两个角度:195°、255°。对以上几个角度位置再次进行加试重动平衡实验,比较动平衡前后的振动情况、平衡效率如表 5.6 所示。

表5.6　在不同角度加试重后的动平衡效果

角度(°)	平衡前振动幅值(μm)	平衡后振动幅值(μm)	降低百分比(%)
75	5.1	1.1	78.43
195	5.8	1.8	68.98
255	5.3	1.5	71.69
315	5.4	1.3	76.92

实验结果表明,将试重加在75°、315°两个位置比加在195°和255°时的振动幅值比降低明显,动平衡效果更好,所以试加质量块的角度理想区域是以75°和315°为双中心区域。

通过对比实验,最终平衡效果得到如下结论:一是幅值差值和相位的差值越大,获得的影响系数越大,表明单位质量对不平衡量的补偿量最为敏感,幅值差值和相位的差值越小,获得的影响系数也越小,表明单位质量对不平衡量的补偿量敏感度最差;二是幅值差值和相位的差值这两个参数直接决定影响系数的大小,并间接影响主轴的在线动平衡效果,影响系数越大,降幅效果就更加明显。

对试加质量块选取没有精确公式,根据动平衡实验研究积累,总结如下公式:

$$P_{t1} = \frac{9A_1 m_1}{(10 \sim 15)\, r_1 n^2} \times 10^6 \tag{5.2}$$

式中,P_{t1} 为主轴上试加的质量块(g);A_1 为转子的初始振幅(μm);r_1 为试加质量块的半径(mm);m_1 为主轴质量(kg)。

$$P_{t2} = \frac{9m_2}{n^2 r_2} \times 10^3 \tag{5.3}$$

式中,P_{t2} 为主轴上试加的质量块(g);r_2 为试加质量块的半径(m);m_2 为主轴质量(kg)。

$$P_{t3} = A_3 \frac{m_3 g}{K\omega^2 r_3} \times 10^3 \tag{5.4}$$

式中,P_{t3} 为主轴上试加的质量块(g);A_3 为主轴的初始振幅(μm);r_3 为试加质量块的半径(m);ω 为平衡时角速度(rad/s);m_3 为主轴质量(kg);K 为灵敏度系数。

由于对于高速机械主轴的初次试加质量块的公式很少,而且没有严格、准确的公式,大多数动平衡工作都是根据现场情况和过往经验进行初次质量块的选取,因此,为了研究本节中的三个试加质量块经验公式的适用性,将主轴在不同的工作转速下分别试验,通过记录主轴试加质量块后的振动幅值变化、计算校正质量、主轴残余振动响应、平衡效率等参数，从中选出相对优良经验公式。不同试加质量块经验公式对振动幅值影响实验结果如表 5.7 所示。

表 5.7 不同试加质量块经验公式对振动幅值影响

经验公式 / 振幅(μm) / 转速(r/min)	$\frac{9A_1 m_1}{13 r_1 n^2} \times 10^6$	$\frac{9m_2}{n^2 r_2} \times 10^3$	$A_3 \frac{m_3 g}{K \omega^2 r_3} \times 10^3$
800	4.73	2.19	3.28
1200	6.28	2.98	4.25
1600	8.04	3.38	5.53
2000	9.35	3.65	6.28
2400	10.11	4.27	7.61
2800	11.57	4.83	8.09
3200	12.35	5.47	8.86
3600	12.89	5.95	9.43
4000	14.33	6.16	10.88

三个试加质量块经验公式的输入参数主要为主轴质量大小、主轴在空载下的振动响应和试加质量块的半径；输出参数为试加质量块的振动幅值，由表 5.7 可知，运用公式(5.2)计算质量块，随着主轴转速的提升，振动幅值递增速度最快，对应转速下的空载振动响应也相对较大；运用公式(5.3)计算质量块，随着主轴转速的提升，振动幅值递增速度最慢，而且和对应转速下的空载振动响应相关性较低，计算得到的影响系数和校正质量块可信度较低；运用公式(5.4)计算质量块，振动幅值递增速度适中，与对应转速下的空载振动响应相关性最高。

通过分析实验结果得到初步结论，主轴在线动平衡过程，试加质量块对振动响应的影响要缓中有增，保证影响系数大小和校正质量块良好的平滑性，才会得到最好的平衡效果。

为了验证分析结论并选出相对优良的试加质量块经验公式，实验选取主轴转速在 2000r/min 的条件下，进行在线动平衡实验，衡量质量块经验公式的指标为试加质量块与校正质量块的相对误差、残余振动响应、平衡效率，实验结果如表 5.8 所示：运用公式(5.3)计算得到的质量块，对振动幅值的影响最小，得到的校正质量块的相对误差最大，残余振动响应相对最大，平衡效率最低，该公式不适合应用在

SYL04H－1型机械主轴。

运用公式(5.4)计算质量块,振动幅值递增速度适中,与对应转速下的空载振动响应相关性最高,校正质量块的相对误差最小,残余振动响应相对最小,平衡效率最高;对比公式(5.3)和公式(5.2),可得到初步结论,在试加质量块不准确,需要估算的前提下,质量块偏大对主轴平衡调控产生的影响优于质量块偏小产生的影响。

表5.8　试加质量块经验公式动平衡实验数据

主轴振动平衡参数 \ 试加质量块经验公式	$\frac{9A_1m_1}{13r_1n^2}\times10^6$	$\frac{9m_2}{n^2r_2}\times10^3$	$A_3\frac{m_3g}{K\omega^2r_3}\times10^3$
初始响应(μm∠°)	7.21∠315	3.08∠80	5.27∠190
加重后响应(μm∠°)	9.35∠105	3.65∠170	6.28∠45
初次试重矢量(g∠°)	10∠60	10∠60	10∠60
校正试重矢量(g∠°)	14.2∠115	4.3∠260	12.2∠20
质量相对误差(%)	42	57	22
影响系数(μm/g·mm)	0.00259	0.00167	0.00218
残余振动响应(μm∠°)	2.15∠40	1.42∠75	1.18∠220
平衡效率(%)	70.18	53.89	77.61

为进一步提高初次试加质量块经验公式,将对比实验中相对最优的经验公式进行进一步的改进,目的在于将改进的经验公式更加适用于SYL04H－1型机械主轴,为后续的深入研究做好工作。

在对比公式(5.2)和公式(5.3)两个经验公式时,得到一个初步结论,试加质量块不准确,需要估算的前提下,质量块偏大对主轴平衡调控产生的影响优于质量块偏小产生的影响,但是,质量块偏大,却不能无限大,试加过大的质量块会造成主轴过大振动,影响主轴回转精度,甚至造成主轴的损坏。

经验公式(5.4)中的灵敏度是需要通过相关文献获得的参数,该参数的取值范围应用在公式(5.4)中,获得的动平衡效果已经在表5.8中得到体现,对于改进经验公式(5.4)而言,降低原来的灵敏度参数取值区间的最小值,获得的质量块会变大。通过调整灵敏度使得改进经验公式在2000r/min、2400r/min、2800r/min、

3200r/min 四种不同的工作转速下,再次进行主轴在线动平衡实验,通过对比实验验证,更改后公式求取质量对机械主轴有明显影响,提高了初次平衡效率,平衡效率对比如图 5.14。

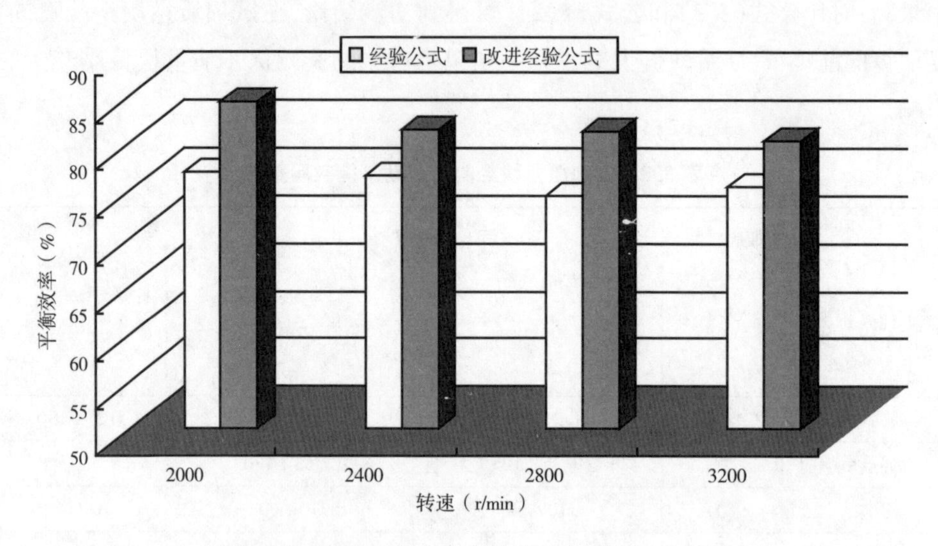

图 5.14　试重经验公式改进前后平衡效率对比图

通过对机械主轴相对最优的初次试加质量公式实验和改进初次试加质量块进行的主轴在线动平衡实验公式对比,得到如下结论:

第一,改进后公式考虑的各个因素较为全面,将主轴的初始振幅、质量块试加半径、主轴质量、灵敏度系数等都考虑在内;第二,改进后初次试加质量块经验公式对主轴振幅抑制效果更加明显,四种不同转速下的平均平衡效率提高 10%,超过 85%;第三,随着机械主轴转速的逐渐升高,平衡效率基本稳定,表明改进后的初次试加质量块公式提升了高转速下机械主轴的平衡能力。因此在全面考虑到影响因素的情况下,经过此改进公式计算得到的试加质量块最为符合该主轴平衡系统要求。

5.3　本章小结

本章主要介绍了主轴系统在线动平衡调控过程的应用实例及影响因素分。第 1 节主要介绍了基于影响系数法的主轴系统在线动平衡调控实验,并针对不同工况应用单面检测动平衡、单面全矢量动平衡、双面全矢量动平衡法进行动平衡调控并验证动平衡效果。第 2 节主要介绍了动平衡调控过程中影响调控的因素进行分析，分别对转速对实验平台，以转速、试重对动平衡效果的影响效果进行实验分析。通过本章的介绍能够了解主轴系统动平衡的调控过程以及动平衡稳定性因素。

第6章　主轴动平衡质量补偿优化技术及应用

6.1　主轴在线动平衡移动策略

电动机驱动机械式在线自动平衡系统与其他平衡装置相比，具有外部结构简单、尺寸小、质量轻的特点，适用于高转速工况；平衡头内部有两个微电动机，这两个微电动机通过滑环或者电刷与控制系统相连而获得运动的旋转的方向及角度指令，并通过精密齿轮系统驱动两个质量补偿平衡重块做径向移动，实现转子在线自动平衡，直至达到设定振动目标值。在校正过程中，在线自动平衡系统随时监测目主轴振动状态，随时调整平衡块角度，实现主轴高效、快速、精确控制。平衡装置和平衡移动示意图如图6.1和图6.2所示。

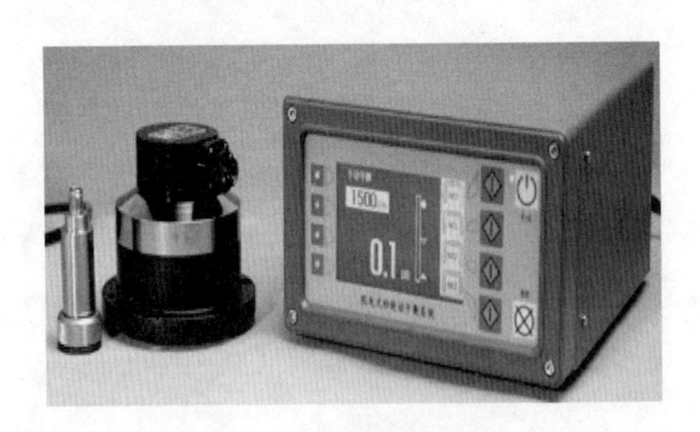

图6.1　SB-5500平衡装置

6.1.1　电动机驱动机械式平衡装置

电动机驱动型平衡装置是由电动机驱动两个配重块，一个电动机操控两个质量块夹角的变化，另一电动机操控两个两个质量块的移动方向。基于这样的控制方式，两个配重块是同时、同步移动，配重块移动分为两步。第1步，电动机1寻找

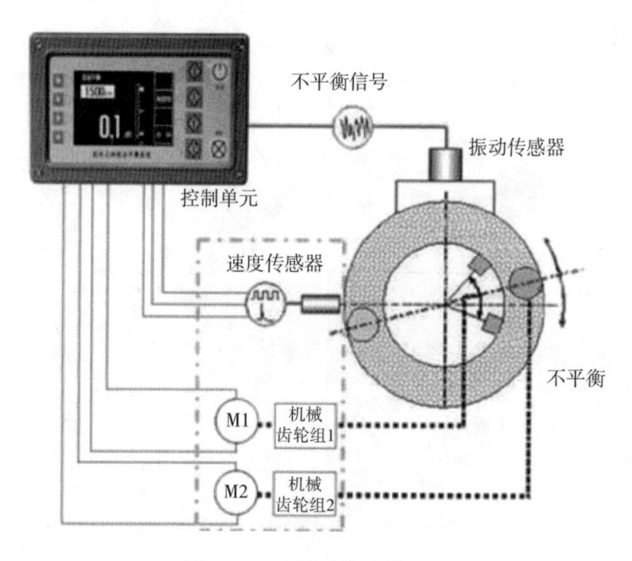

图 6.2　平衡系统工作过程

平衡相位，在某一个方向试探性地试移动两个质量块。通过短暂的移动，测试系统会检测振动幅值，如果此时振动幅值增大，表明振动比较剧烈，说明当下的平衡头内部质量块的移动方向出现错误，立即调整质量块移动方向。经过一段时间的质量块移动，检测系统显示的振动幅值处在一个相对稳定的数值状态下，并且不随着时间的变化发生较大的变化，初步判定平衡调控良好。第 2 步，启动电动机 2，电动机 2 的作用是通过控制两个质量块之间的夹角，进而控制两个质量块之间产生的平衡合力。主轴固有的不平衡量在检测系统平衡之前就能够判定出，而此时只要是通过电动机 2 的质量块之间的夹角控制，就能够将两个质量块配送到准确的位置，而且定位到两个质量块相对中心线处，即主轴固有的不平衡量的正确夹角。此时如果检测系统检测到振动幅值增大，则尝试改变两个配重块夹角，增大或减小两个质量块之间的夹角，依照此方式继续进行质量块的移动，当直到检测系统显示的振动幅值处在一个相对稳定的数值状态下。

6.1.2　主轴动平衡质量补偿策略应用

6.1.2.1　移动原理

为简化表达，将两配重块等效同一半径上两个质点，两质量块大小相等，建立如图 6.3 所示的双质量块平衡力学模型。平衡装置质量块 A 和 B 初始位置分别在二象限 135°、三象限 230°，主轴初始不平衡量与水平轴夹角为 60°。

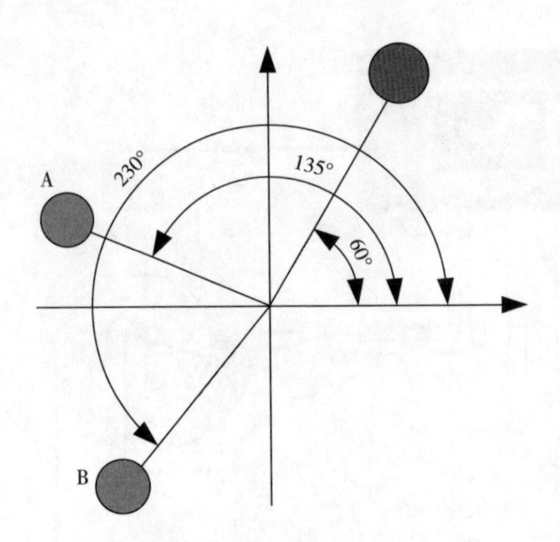

图 6.3　双质量块移动模型

在一个测控周期内,平衡系统中有系统固有不平衡力、配重块离心力和系统残余不平衡力三种作用力。检测设备随时检测主轴不平衡量,即系统固有不平衡力大小和相位。两个质量块大小相等,在同一平面旋转半径上,只需要在最短时间内分别移动到与固有不平衡力相反方向,两质量块合力与固有的不平衡力大小相等,不平衡便得到抵消,系统由于质量不平衡导致的主轴振动得到抑制。

6.1.2.2　移动路径

主轴的初始不平衡量为 M ,代表主轴固有不平衡量, m_1 和 m_2 分别代表平衡头上两个质量块,利用余弦定理,可以用 p 表示求得平衡头质量块产生的合力。最后将求得的合力与固有不平衡力二力平衡。

情况一:先移动 B 质量块,等到 B 质量块移动结束以后,移动 A 质量块,直至 A 质量块结束。

$$p^2(t) = {m_1}^2 + {m_2}^2 - 2m_1 m_2 \cos\left(\frac{19\pi}{36} - \frac{\pi}{36}t\right),\ 0 \leqslant t \leqslant 5 \tag{6.1}$$

$$p^2(t) = {m_1}^2 + {m_2}^2 - 2m_1 m_2 \cos\left(\frac{\pi}{36}t + \frac{9\pi}{36}\right),\ 5 \leqslant t \leqslant 21 \tag{6.2}$$

情况二:先移动 A 质量块,等到 A 质量块移动结束以后,移动 B 质量块,直至 B 质量块结束。

$$p^2(t) = {m_1}^2 + {m_2}^2 - 2m_1 m_2 \cos\left(\frac{\pi}{36}t + \frac{19\pi}{36}\right),\ 0 \leqslant t \leqslant 16 \tag{6.3}$$

$$p^2(t) = {m_1}^2 + {m_2}^2 - 2m_1 m_2 \cos\left(\frac{5\pi}{4} - \frac{\pi}{36}t\right),\ 16 \leqslant t \leqslant 21 \tag{6.4}$$

情况三:同时移动A质量块、B质量块,A方向先结束,等到A结束以后关闭,继续移动B质量块,直至结束。

$$p^2(t) = {m_1}^2 + {m_2}^2 - 2m_1m_2\cos\left(\frac{19\pi}{36}\right),\ 0 \leqslant t \leqslant 5 \tag{6.5}$$

$$p^2(t) = {m_1}^2 + {m_2}^2 - 2m_1m_2\cos\left(\frac{\pi}{36}t + \frac{14\pi}{36}\right),\ 5 < t \leqslant 16 \tag{6.6}$$

情况四:先移动B质量块,等到B移动一段时间以后,移动A质量块,最终等到两质量块同时停止工作。

$$p^2(t) = {m_1}^2 + {m_2}^2 - 2m_1m_2\cos\left(\frac{\pi}{36}t + \frac{19\pi}{36}\right),\ 0 \leqslant t \leqslant 15 \tag{6.7}$$

$$p^2(t) = {m_1}^2 + {m_2}^2 - 2m_1m_2\cos\left(\frac{17\pi}{18}\right),\ 15 \leqslant t \leqslant 18 \tag{6.8}$$

$$p^2(t) = {m_1}^2 + {m_2}^2 - 2m_1m_2\cos\left(\frac{35\pi}{18} - \frac{\pi}{18}t\right),\ 18 \leqslant t \leqslant 20 \tag{6.9}$$

模拟条件下质量块移动步数和质量块产生的合力关系,以及平衡过程中残余力与质量块移动步数之间的关系如图6.4和图6.5所示。

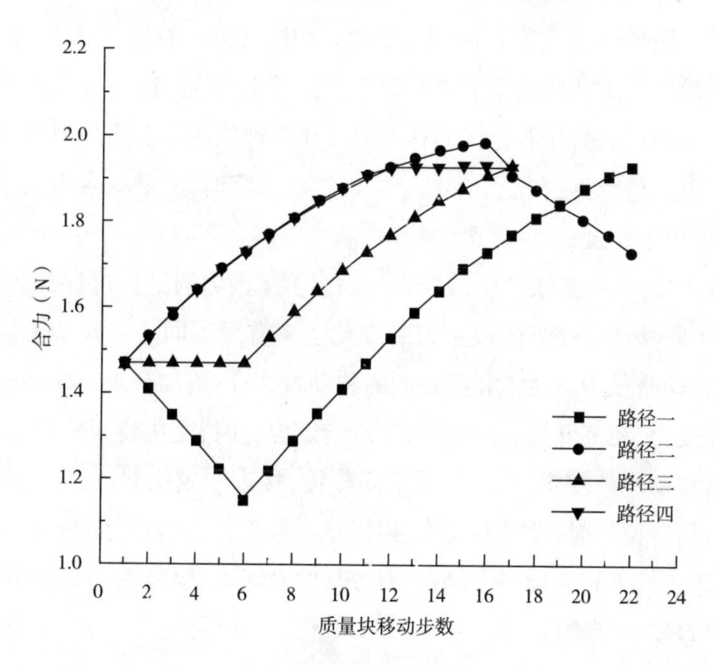

图6.4　质量块移动步数与合力关系图

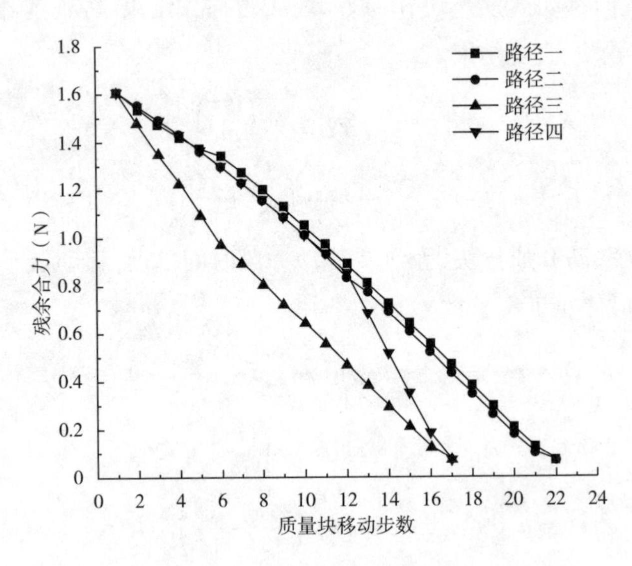

图 6.5　质量块移动步数与残余力关系图

由图 6.4 可知,路径一和路径二需要质量块移动总步数为 22 次,路径三和路径四需要质量块移动总步数为 17 次,路径三和路径四都存在一段同时移动过程,其中某一质量块在刚开始移动或者移动到接近指定位置时,会与另一质量块同时移动,同时开始或到达,显然这样的移动方式比单纯依次移动质量块要节省时间和移动步数。由矢量计算,在开始和结束同时移动过程时,质量块合力大小不会改变因此,会有一段不变过程。

由图 6.5 可知,质量块产生的合力与固有不平衡力的平衡过程,随着质量块步数的移动,不同移动路径下的残余力的变化速率有所不同。从残余力的变化速率看,质量块移动路径为路径三和路径四的移动效率高,更加合理。路径三残余力随着移动步数变化,在一开始下降较快,接近指定位置时,变化较为平稳,而路径四的残余力随着移动步数变化,在一开始下降较慢,接近指定位置时,变化较为快。质量块越接近指定位置时,越需要精细、慢慢地观察质量块的合力的变化和残余力的变化,以便于更好观察和调节主轴振动情况,综合考虑,路径三的移动策略合理,通过实验验证该路径准确性。

6.1.3　平衡装置质量块移动策略实验与分析

通过在模拟条件下对内置机械式平衡装置的质量块的移动进行研究,得到质量块当前位置、残余力、振动幅值三者之间关系，将总结得到的平衡装置质量块移动路径应用平衡实验中，以手动平衡内置机械式平衡装置的调节方式对主轴进行平衡。该过程主要目的是通过以手动在线平衡实验获得的振动幅值变化数据为依据，并将得到的平衡效果进行对比，检验平衡装置质量块移动路径合理性，从而选出质量块最佳移动路径。

针对最优移动路径的选择与验证，实验过程分两个步骤进行。

6.1.3.1　固定转速，对比不同路径的平衡效率

主轴工作转速在 2500r/min 的工况下，通过试加质量块获得输出参数并将这些参数输入到系统平衡软件中，控制系统将驱动质量块按照设定好的 4 种移动路径方案进行移动。通过对比不同路径下的平衡效率，验证最优路径。振动幅值的变化和不同移动路径之间的关系如图 6.6 和表 6.1 所示。

实验结果表明，机械主轴在工作转速下的振动得到有效抑制，振动幅度明显减小，振动降幅明显。

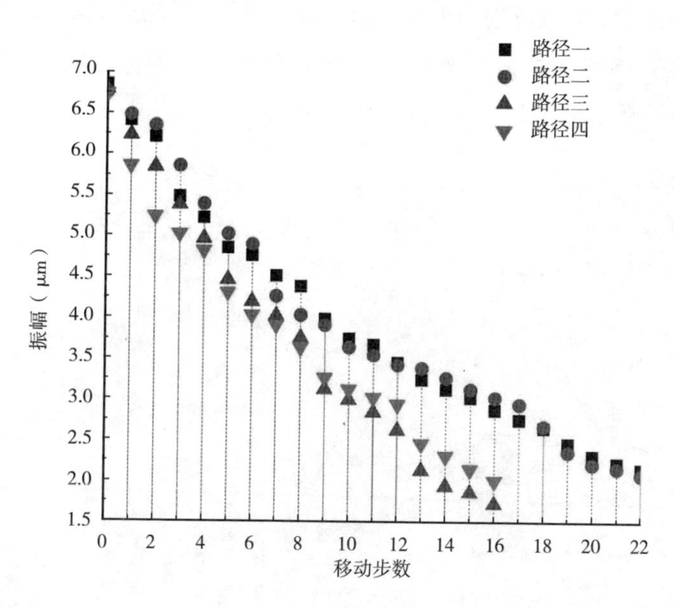

图 6.6　振幅与不同路径的移动步数关系图

表 6.1　不同移动路径动平衡效果

移动路径	平衡前振幅（μm）	平衡后振幅（μm）	平衡效率（%）	平衡时间（s）
一	8.17	1.54	81.15	110

续表

移动路径	平衡前振幅(μm)	平衡后振幅(μm)	平衡效率(%)	平衡时间(s)
二	8. 35	1. 68	79. 88	110
三	8. 24	1. 21	85. 31	85
四	8. 42	1. 69	79. 92	85

6.1.3.2 固定路径,不同转速下对比平衡效率稳定性

将最优路径确定,分别在2000r/min、3000r/min、3500r/min三种转速下,选择影响系数法作为主轴动平衡调控策略,对主轴进行在线自动平衡实验,检测平衡效率稳定性。

在确定路径三为最优移动路径的条件下,实验效果得出的平衡前后不同转速下的平衡效率见图6.7和表6.2。在2000r/min的转速下,系统初始振动峰值为6. 35μm,经过手动平衡后,系统振动峰值降低至1. 04μm,振幅下降比例达83. 62%;在2500r/min的转速下,系统初始振动振动峰值为8. 24μm,经过手动平衡后,系统振动幅值降低至1. 21μm,振幅下降比例达85. 31%;在3000r/min的转速下,系统初始振动振动峰值为9. 72μm,经过手动平衡后,系统振动幅值降低至2. 45μm,振幅下降比例达74. 79%;在3500r/min的转速下,系统振动峰值为12. 34μm,经过手动平衡后,系统振动幅值降低至2. 52μm,振幅下降比例达79. 57%。

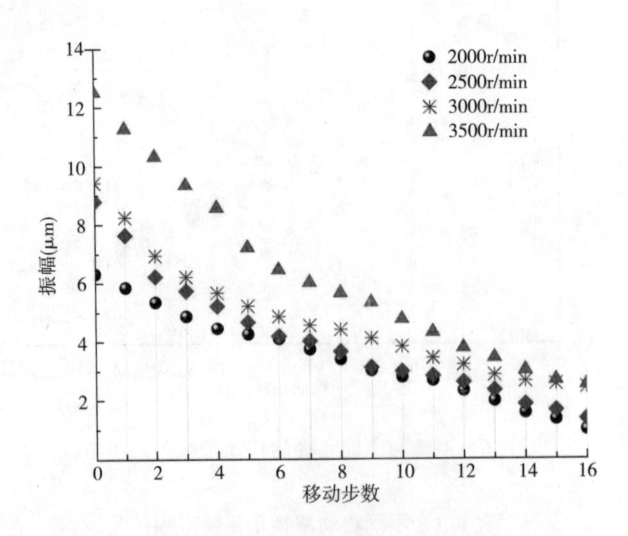

图6.7　路径三不同转速的振幅与移动步数关系图

表6.2　在不同转速下动平衡效果

转速(r/min)	平衡前振幅(μm)	平衡后振幅(μm)	平衡效率(%)
2000	6.35	1.04	83.62
2500	8.24	1.21	85.31
3000	9.72	2.45	74.79
3500	12.34	2.52	79.57

6.2　高速主轴动平衡质量补偿优化技术

6.2.1　动平衡质量补偿策略优化

质量补偿策略优化就是对两个配重块的相位进行优化,对配重块的补偿策略进行数学建模,然后运用遗传算法在MATLAB中优化出配重块的相位。

遗传算法(Genetic Algorithm)是1962年由美国Michigan大学的Holland教授提出的模拟生物在自然界遗传机制和生物进化论而形成的一种并行随机搜索最优化方法。它从选定的初始解(生物种群)出发,模拟生物种群的进化机制,设计选择、交叉、变异算子;采用类似于自然选择和有性繁殖的方式,对种群进行选择、交叉和变异操作,从而在继承原有优良基因的基础上,生成具有更好性能指标的下一代解的群体。如此反复,不断迭代,逐步改进当前解群,直至最后搜索到最优解,如图6.8所示。

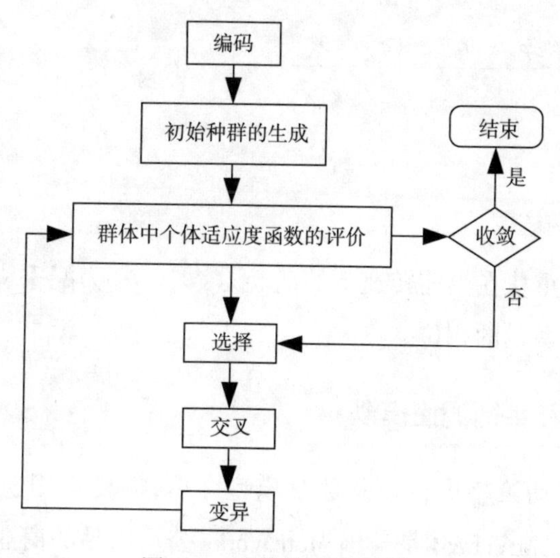

图6.8　遗传算法流程图

遗传算法源于对生物进化过程的模拟,其组成必然与进化过程中诸要素有对应关系。遗传算法是基于自然选择和遗传变异等生物进化机理的全局概率搜索算法,在形式上也是一种迭代算法。采用这种寻优机制的遗传算法称为简单遗传算法。

6.2.2 补偿优化数学模型

从内装式动平衡装置的原理可以看出,主轴在平衡时就是两个配重块的合力去平衡主轴的不平衡力。电磁滑环式的不平衡力则是用影响系数法计算出来的,电动机驱动机械式的不平衡力就是主轴的固有不平衡力。在建立数学模型时,根据平衡原理,把平衡后主轴的残余不平衡力作为优化的目标,两个配重块的移动角度作为约束。

在对主轴进行平衡时,主轴的残余不平衡力的向量表达式为:

$$P=F\times W \tag{6.10}$$

式中,P 为主轴平衡后的残余力;F 为配重块的合力;W 为主轴的固有不平衡力。

在应用遗传算法对两个配重块的移动策略进行模拟时,需要对两个配重块在极坐标下移动的角度建立数学模型。设两个配重块移动的角度 φ_A 和 φ_B 为两个变量,主轴的残余不平衡力为优化目标,数学模型为:

$$\begin{aligned}
&\text{find}\ \varphi_A,\varphi_B\\
&\min f(x)=\sqrt{\left[2F_1\cos\left(\frac{(\varphi_B-\theta_B)-(\varphi_A-\theta_A)}{2}\right)\right]^2+W^2+2F_1\cos\left(\frac{(\varphi_B-\theta_B)-(\varphi_A-\theta_A)}{2}\right)W\cos\left(\frac{(\varphi_B-\theta_B)-(\varphi_A-\theta_A)}{2}-\eta\right)}\\
&\text{st.}\quad 0\leqslant\varphi_A<2\pi\\
&\qquad\ 0\leqslant\varphi_B<2\pi
\end{aligned} \tag{6.11}$$

式中,F_1 为两个配重块在当前转速下的离心力;θ_A、θ_B 为配重块未平衡前的相位;η 为主轴固有不平衡量的相位。

6.2.3 高速主轴动平衡调控模拟

在对质量块移动策略进行建立数学模型之后,需要运用遗传算法进行计算。工具选用 MATLAB,MATLAB 是美国 MathWorks 公司出品的商业数学软件,用于算法开发、数据可视化、数据分析以及数值计算的高级技术计算语言和交互式环境。该计算软件特别适用于工程上的计算与优化，且编程语言相比较于 C 和 C++来说，具有易于学习和操作简单等优点。本次使用的是英国谢菲尔德大学编写的遗传算法工具箱。该工具箱已在世界上近 30 个领域得到了很好的应用，包括参数优化、多目标优化、控制器结构选择、非线性系统论证、形形色色模式的模型制作、神经网络设计、实时和自适应控制、并行遗传算法、故障诊断和天线设计等。

初选 1000r/min、1500r/min、2000r/min、2500r/min、3000r/min、3500r/min 六种不同的转速下，对主轴的不平衡进行研究。由于主轴在出厂状态下已经进行了平衡，因此，在没有负载的实验条件下，在主轴的前端加不平衡质量块来模拟主轴的不平衡。用主轴在未优化平衡前振幅和优化平衡后振幅验证提出的方法。将提出的配重块移动策略应用在平衡实验中，并以优化平衡的调节方式对主轴进行平衡，该过程用于检验用遗传算法得出的配重块位置的合理性，并将得到的平衡效果进行对比。

由影响系数法计算出的校正配重质量与相位。该装置使用 LabVIEW 软件进行计算，如图 6.9 所示。在该程序中，需要初始振幅与相位，试加质量块的质量和相位，试加质量引起的振幅与相位计算出影响系数，配重质量与相位。

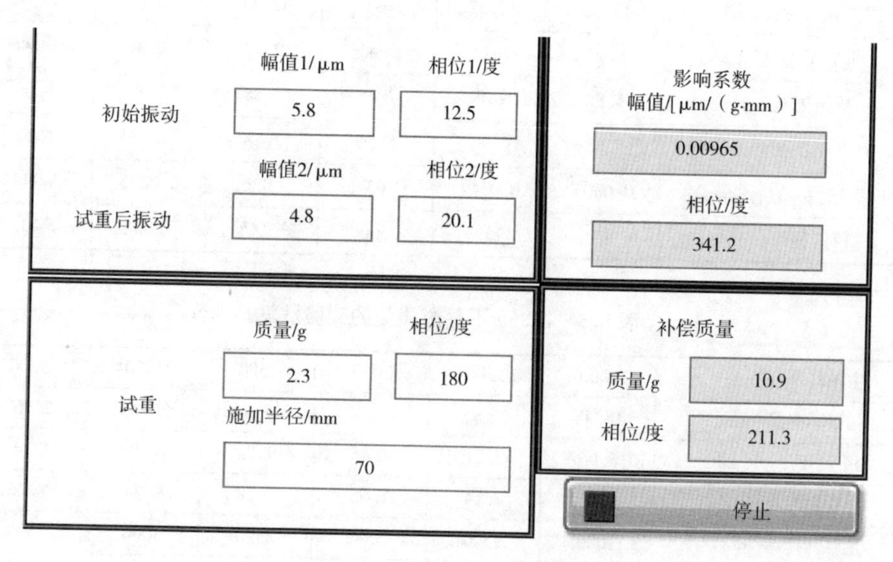

图 6.9　影响系数法前面板

在程序计算下，可以得出主轴在 16.5g、22g 和 27.5g 不平衡质量块的校正配重的质量和相位。

表6.3~表6.5中,可以看到在不平衡质量16.5g、22g和27.5g下,主轴平衡时需要的配重质量与相位。主轴所需平衡的不平衡力并不是外加不平衡质量产生的离心力,而是用影响系数法计算出来的。把这两个信息带入遗传算法的程序中,就会计算出平衡头配重块的相位。运用遗传算法的结果见表6.5。

表6.3 16.5g不平衡质量在的实验数据

主轴转速(r/min)	1000	1500	2000	2500	3000	3500
初始不平衡(μm)	4.15	8.82	8.4	4.74	7.15	7.73
加重后不平衡(μm)	6.95	7.21	7.45	9.72	10.38	13.45
校正配重(g)	3.42	5	5.49	3.86	5.38	4.81
残余不平衡(μm)	2.7	3.59	3.95	1.77	3.23	3.09
影响系数[μm/(g·mm)]	0.0173	0.0252	0.0219	0.0175	0.019	0.0229
校正相位(°)	22	155	295	90	345	42

表6.4 22g不平衡质量的实验数据

主轴转速(r/min)	1000	1500	2000	2500	3000	3500
初始不平衡(μm)	12.53	14.52	19.58	12.11	15.03	13.52
加重后不平衡(μm)	6.95	7.21	7.45	9.72	10.38	13.45
校正配重(g)	5.86	6.06	7.45	7.78	7.8	6.62
残余不平衡(μm)	5.83	6.96	5.56	7.78	4.28	6.52
影响系数[μm/(g·mm)]	0.0305	0.0342	0.0376	0.0262	0.0275	0.0292
校正相位(°)	40	153	300	100	355	40

表6.5 27.5g不平衡质量的实验数据

主轴转速(r/min)	1000	1500	2000	2500	3000	3500
初始不平衡(μm)	18.48	26.98	21.75	18.81	26.65	26.67
加重后不平衡(μm)	6.95	7.21	7.45	9.72	10.38	13.45
校正配重(g)	6.49	7.14	7.65	7.78	9.34	8.76
主轴转速(r/min)	1000	1500	2000	2500	3000	3500
残余不平衡(μm)	6.88	10.07	8.26	6.88	9.05	10.1
影响系数[μm/(g·mm)]	0.0407	0.054	0.0406	0.0345	0.0408	0.0435
校正相位(°)	45	152	302	105	2	36

表6.6是运用遗传算法在MATLAB中计算出来的配重块的相位,然后取整。再把这些相位带入数学模型,得到主轴振动的残余力。在16.5g、22g和27.5g的外加不平衡质量的主轴平衡中,图6.10展示的是主轴在未平衡前的主轴不平衡力,最大的不平衡力达到了82.31N;图6.11展示的是在运用调控策略优化平衡后主轴的不平衡力,也称为主轴不平衡残余力。残余力随着转速的升高而增加,也随着外加不平衡质量的增大而增加,最小的残余力为0.07N,出现在22g外加不平衡质量,转速1000r/min时;最大的残余力为4.9N,同样出现在22g外加不平衡质量,转速3500r/min时。残余力的变化可以表示调控策略优化出的配重块的相位是正确的,可以有效地平衡主轴。

表6.6 用遗传算法在动平衡装置上配重块的相位

转速(r/min)	16.5g质量块的相位(°)		22g质量块的相位(°)		27.5g质量块相位(°)	
	A	B	A	B	A	B
1000	125	270	285	155	160	290
1500	45	265	40	270	30	270
2000	50	180	65	180	65	180
2500	195	345	220	335	230	340
3000	100	235	120	230	130	230
3500	150	295	160	280	165	270

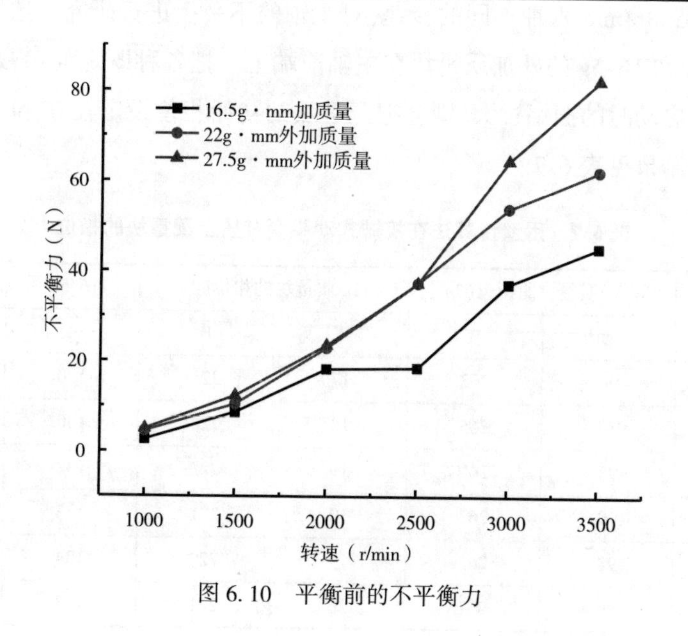

图6.10 平衡前的不平衡力

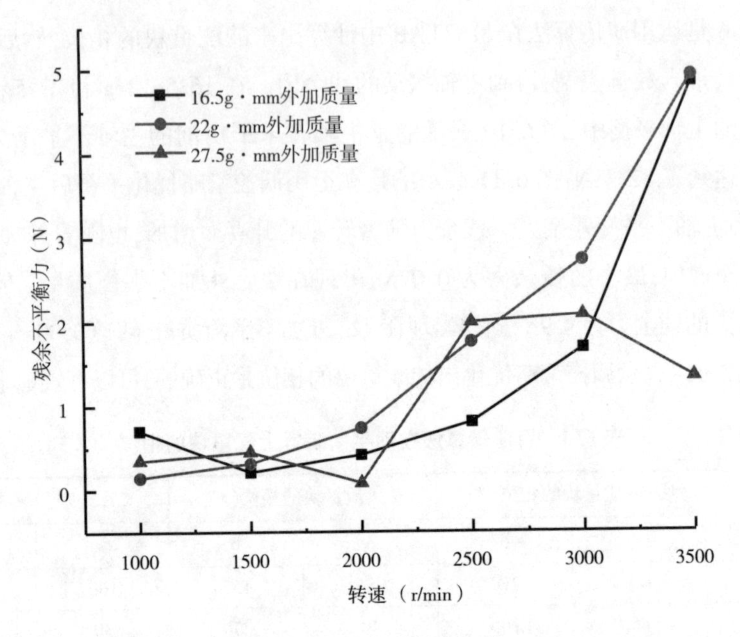

图 6. 11　平衡后的残余力

电动机驱动机械式动平衡头的平衡为力平衡方法，其主轴固有不平衡力是外加的不平衡质量产生的离心力。选取 1000r/min、1500r/min、2000r/min、2500r/min、3000r/min、3500r/min 六种不同的转速，对主轴的不平衡进行研究。选取质量分别为 8. 5g、11g 和 16. 5g 的外加质量块在主轴前端上。把各种既定的参数输入，为了避免主轴在启动时的振幅过大，则会把配重块的初始相位设定在 0°和 180°上。用遗传算法的结果见表 6. 7。

表 6. 7　用遗传算法在机械式动平衡装置上配重块的相位

转速（r/min）	8. 5g 质量块的相位（°）		11g 质量块的相位（°）		16. 5g 质量块相位（°）	
	A	B	A	B	A	B
1000	98	262	17	221	130	350
1500	102	265	18	220	130	348
2000	98	260	19	222	132	345
2500	99	262	19	221	133	347
3000	98	261	19	220	134	346
3500	99	261	20	221	133	346

由表 6.7 中可以看出,在不同速度、不同质量块、不同相位下,每次实验时,配重块应到达的相位。在同一相位时,不同速度下配重块的相位几乎都相等,这是由于配重块的质量远大于不平衡质量,在很小的范围之内便可以平衡不同转速下的不平衡。在质量补偿优化之后的位置,理论上是配重块的最优相位,但是由于实际工况复杂,在动平衡装置的自动平衡下,配重块的位置达不到相应的相位,从而达不到上述精度。但在手动调节模式下,完全可以使配重块达到相应的相位。图 6.12 是电动机驱动机械式动平衡装置在未平衡时主轴的不平衡力,图 6.13 是电动机驱动机械式动平衡装置在平衡后主轴的不平衡力,也称为残余力。

图 6.12 展示的是主轴在平衡前的不平衡力,随着转速的上升,不平衡力增大,最大的不平衡力为 155.04N,产生于外加 16.5g 外加不平衡质量,转速在 3500 r/min时。图 6.13 是经过调控策略优化后平衡的主轴的残余力,可以看出,在转速相对较高时,平衡装置的平衡能力下降,残余力较大幅度增加。在平衡中,残余力最小为 0.36N,在 11g 外加不平衡质量,转速为 1500r/min 时产生;最大的残余力达到了 5.58N,在 11g 外加不平衡质量,转速为 3000r/min 时产生。

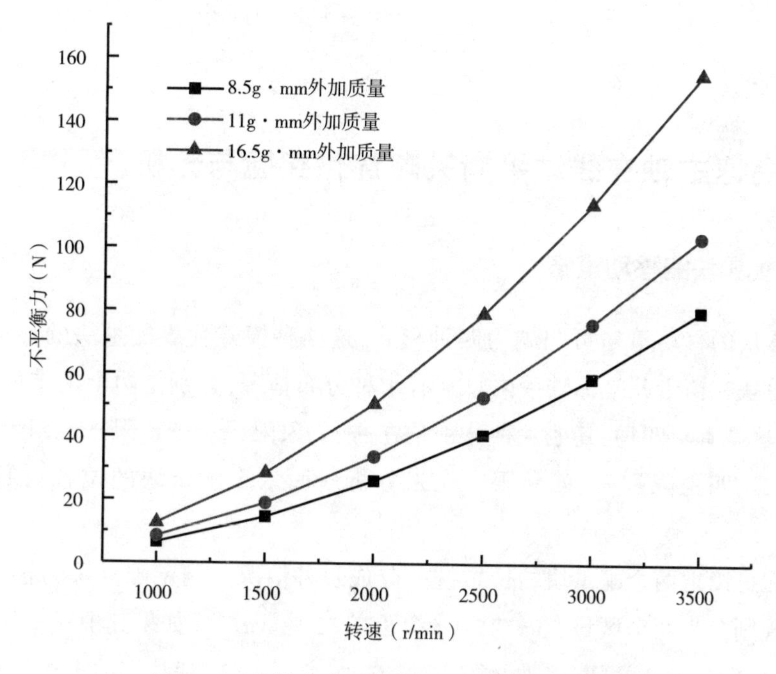

图 6.12　机械式动平衡装置平衡前的不平衡力

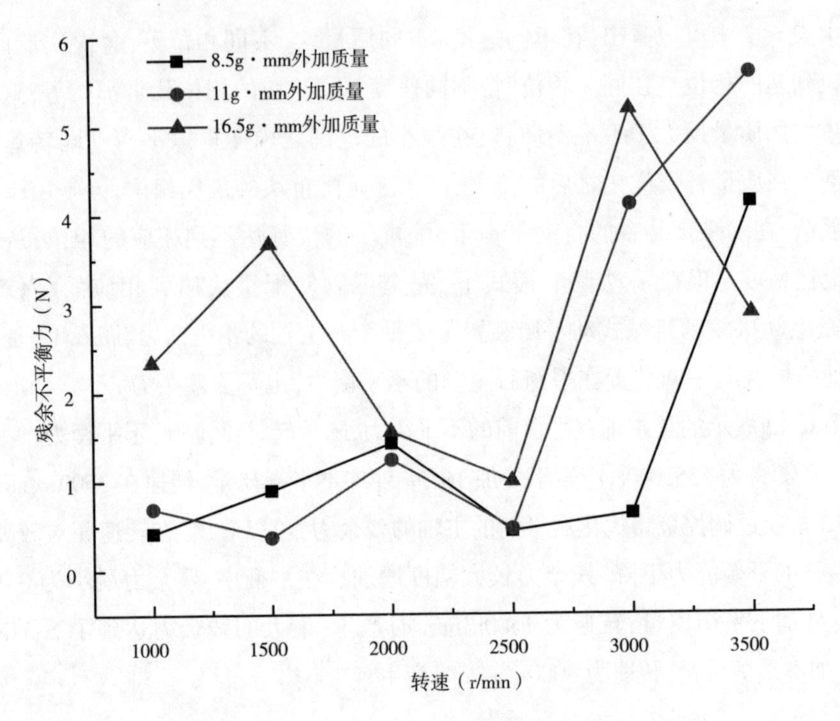

图 6.13　机械式动平衡装置平衡后的残余力

6.3　高速主轴在线动平衡策略优化实验与分析

6.3.1　配重块的移动策略

配重块的移动策略可归纳为四种模式，这四种模式代表配重块的移动方法。两个配重块在笛卡儿坐标轴系内总共有十种分布情况，分别是两个配重块在同一个象限，这就有了四种，其他六种分别是在一、二象限，一、三象限，一、四象限，二、三象限，二、四象限和三、四象限。先来分析后面六重配重块的位置，如图 6.14 所示。

现在可以把两个配重块的位置统一分成六种情况。制定配重块的移动规则，把移动规则分为两个区域，$3\pi/2 \sim \pi/2$ 和 $\pi/2 \sim 3\pi/2$。如果其中一个配重块的相位在 $\pi/2 \sim 3\pi/2$ 之间，移动 B 配重块，在 $3\pi/2 \sim \pi/2$ 之间，移动 A 配重块，当两个配重块的相位在同一个区间上，逆时针或顺时针移动两个配重块。这个移动规则包含了全部的情况。

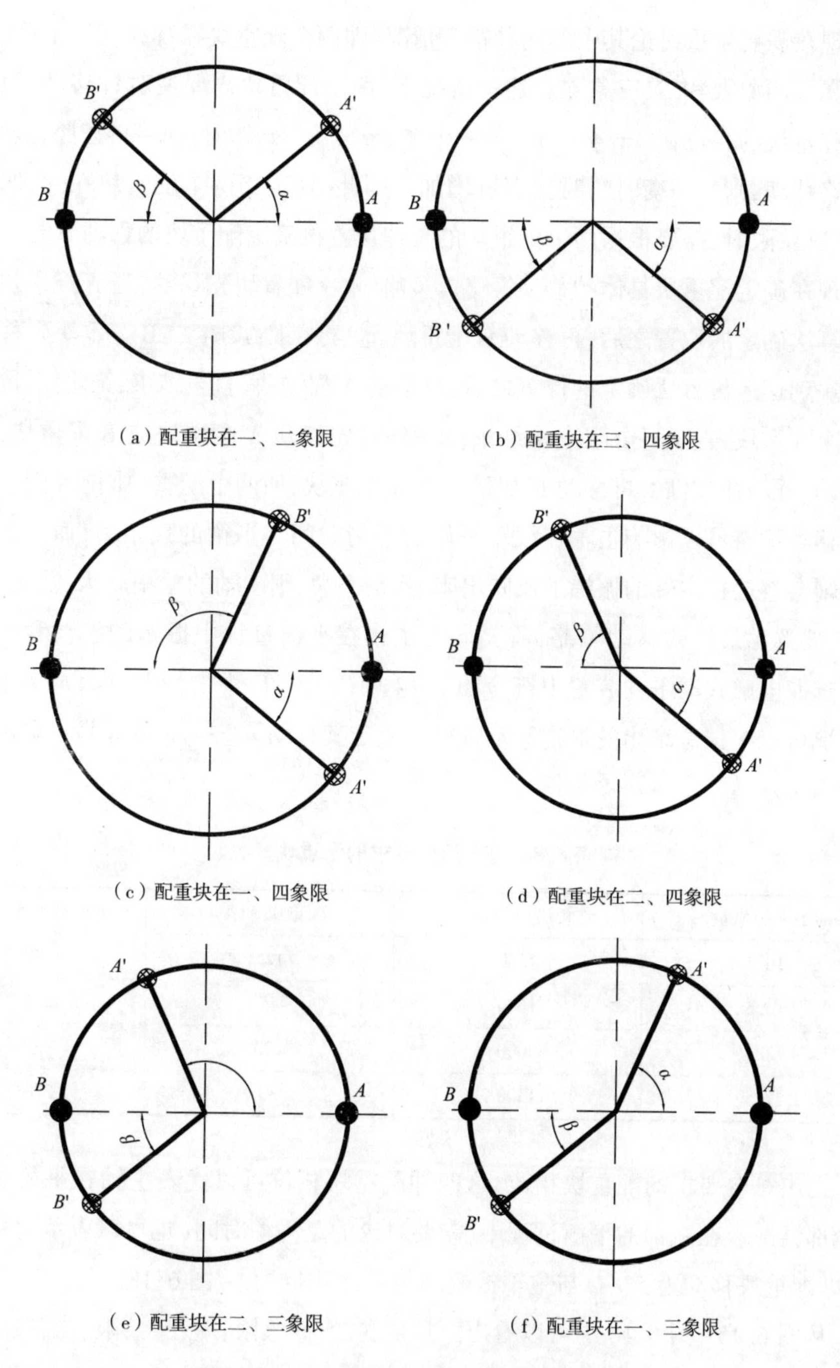

（a）配重块在一、二象限　（b）配重块在三、四象限

（c）配重块在一、四象限　（d）配重块在二、四象限

（e）配重块在二、三象限　（f）配重块在一、三象限

图 6.14　六种移动策略的配重块的占位图

现在需要着重讨论其中的两种特殊情况,即两个配重块在都在同一个区域时,比如在一四象限和二、三象限。这种情况下,两个配重块需要逆时针移动,但其中一个配重块的相位在 3π/4 ~ π,另一个在 5π/4 ~ 3π/2 时,如果再按照上面的移动策略移动,则对平衡时的时间有所增加。因此,规定当两个配重块在一、四象限和二、三象限时,需要根据两个配重块的具体位置再确定配重块的移动方向。

现在确定配重块具体的移动策略。策略一:A 配重块先移动,当 A 配重块到达遗传算法确定的位置之后,再移动 B 配重块,直至结束;策略二:B 配重块先移动,B 配重块到达遗传算法确定的位置之后,再移动 A 配重块,直至结束;策略三:同时移动两个配重块,直至每个配重块结束;策略四,先移动 A 配重块或 B 配重块,使他们移动一段时间之后,再移动 B 配重块或 A 配重块,使两个配重块同时到达。

移动策略可以影响主轴在线动平衡的平衡时间与平衡的残余力,而残余力的大小则会直接在主轴的振幅上反映出来,残余力大,则主轴的振幅就大,反之亦然。因此,要选出最优的移动策略,需要研究主轴在平衡过程中振幅的波动和平衡时间。选取电磁式动平衡装置中符合图 6.14 中(c)~(f)中的情况,而(a)和(b)中的情况可以根据总结出的最优移动策略来决定其移动策略。表 6.8 是选取的配重块的信息。

表 6.8　符合相位要求的配重块信息

外加不平衡质量(g)	转速(r/min)	配重块 A(°)	配重块 B(°)
16.5	1500	125	270
16.5	1500	45	265
22	3000	120	230
27.5	1500	30	270

选出符合要求的配重块相位,这四种配重块相位可以代表主轴在平衡过程中的全部情况。在主轴的平衡过程中,需要讨论的是平衡时间(也可以表示为移动步数,即配重块移动为 5°/s)与主轴振幅的关系,如图 6.15~图 6.18。

从图 6.15~图 6.18 中可以看出配重块在二、四象限、一、三象限、二、三象限和一、四象限这四种情况中配重块移动时间与振幅的关系。在二、四象限和二、三象限中时,策略二平衡时的振幅先增大后降低,在一、三象限和一、四象限时,策略一平衡时的振幅是先增大后降低,这两种平衡策略所用的时间相同。策略一和策略二所用的时间相同。在这四种情况中,策略四在平衡过程中,振幅一直下降,从开始平衡到平衡结束,振幅都是呈下降趋势,而策略三在平衡初始的一段时间内没有进行平衡,之后一段时间振幅才开始下降,最终平衡主轴。

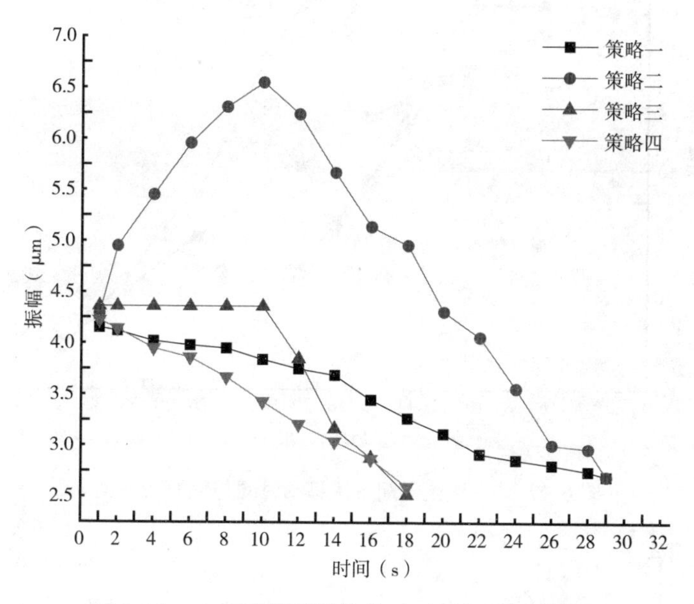

图 6.15　二、四象限配重块移动时间与振幅关系图

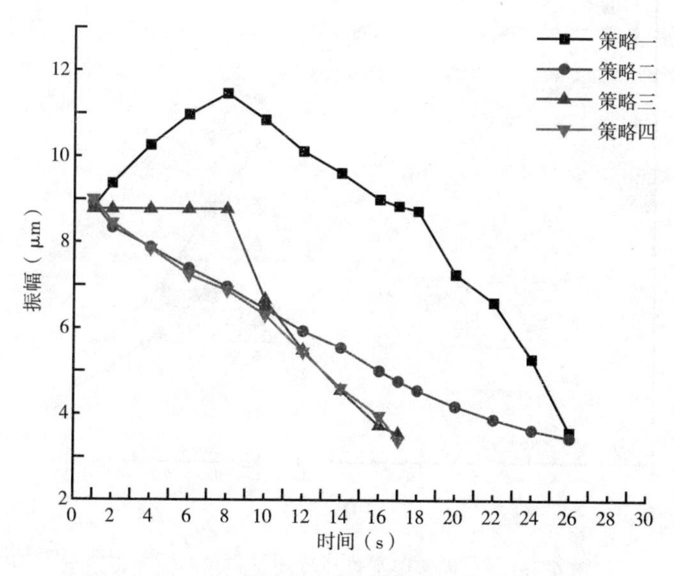

图 6.16　一、三象限配重块移动时间与振幅关系图

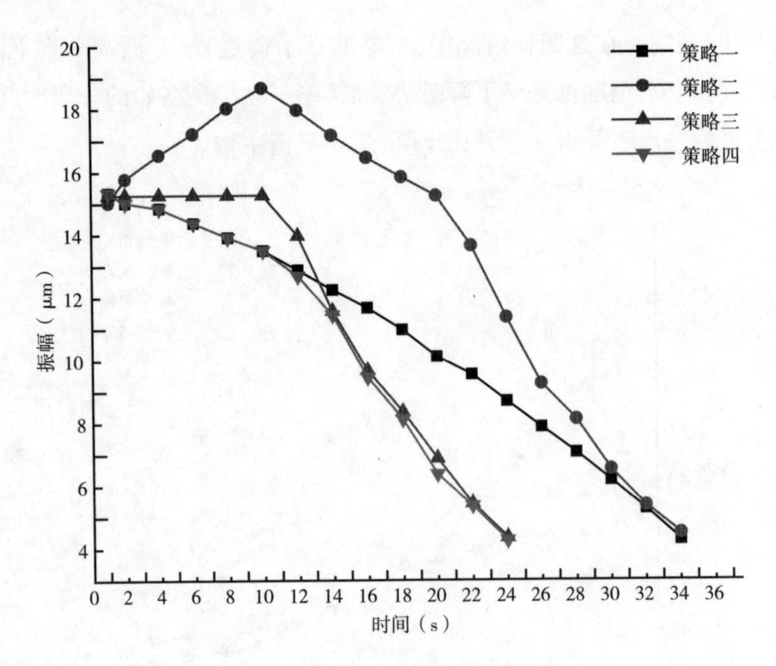

图 6.17 二、三象限配重块移动时间与振幅关系图

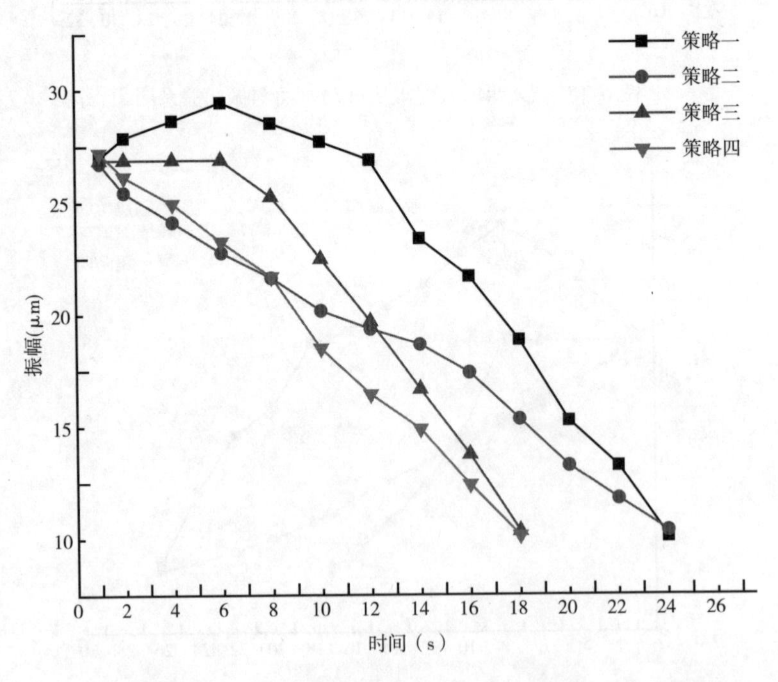

图 6.18 一、四象限配重块移动时间与振幅关系图

在这四种策略中，无论两个配重块的相位在任何象限，策略一和策略二的平衡时间都要大于策略三和策略四，且当两个配重块的相位分别在第二、第三象限和第二、第四象限的时候，用策略二移动配重块，则主轴的振幅会在平衡初期增大；当两个配重块的相位分别在第一、第三象限和第一、第四象限的时候，用策略一移动配重块，则主轴的振幅会在平衡初期增大。因此，可以得出，策略一和策略二在平衡主轴时不是最优移动策略，策略三和策略四在两个配重块在任何相位平衡时所用的时间相同。要选择一种最优的移动策略，还需要测这四种策略在平衡主轴时残余力的变化，残余力的变化可以判断出在平衡时配重块对主轴的冲击与振荡，这也是平衡主轴时需要考虑的因数。

四种移动策略在平衡时的残余力变化如图 6.19～图 6.22。可以看出，配重块在一、二象限和一、四象限时，策略一的残余力先增大后降低，配重块在一、三象限和二、三象限时，策略二的残余力先增大后减少。这也解释了策略一和策略二在平衡时的振幅先增大后减少的原因。策略三的残余力在一段时间内不变，和初始不平衡力保持一致，然后开始下降。策略四的残余力则一直在下降。从振幅变化图得知，策略三和策略四在相同的时间内平衡主轴，从残余力变化图得知，策略四在主轴平衡过程中对主轴的冲击和振荡要小于策略三。因此，可以得出策略四为最优的移动策略。

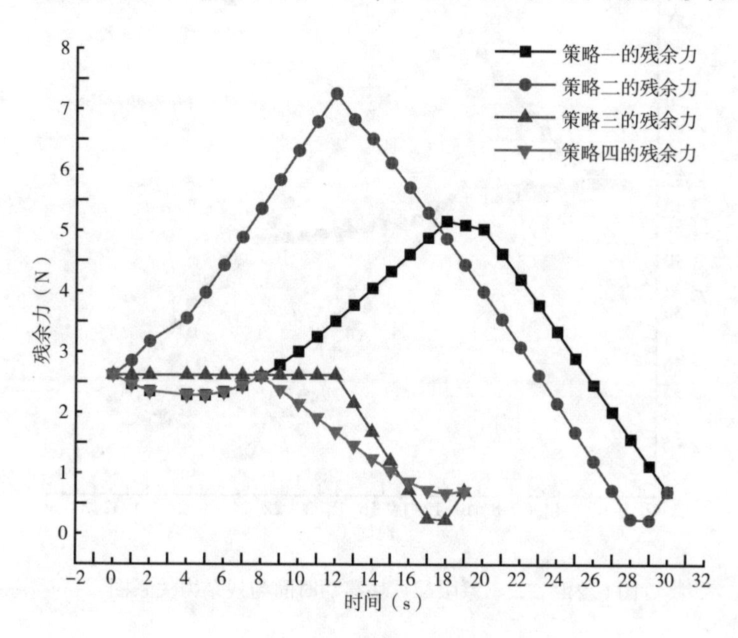

图 6.19　二、四象限配重块移动时间与残余力关系图

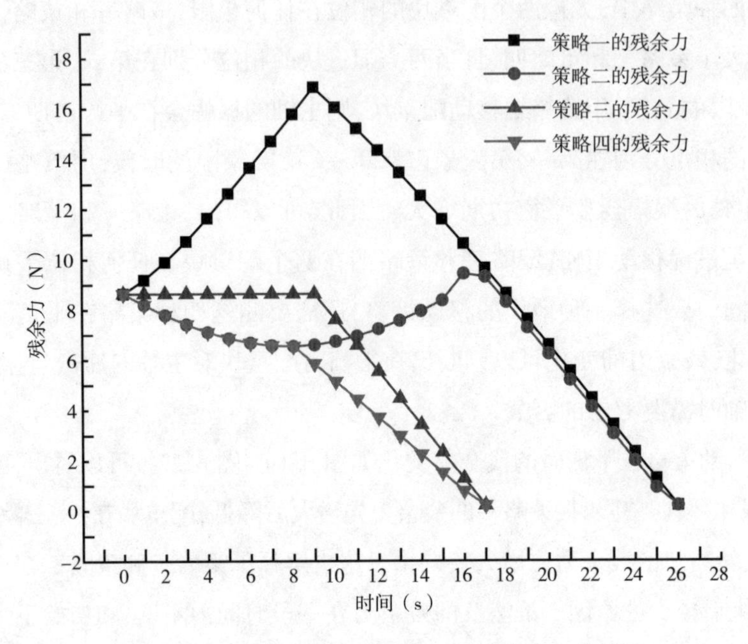

图 6.20　一、三象限配重块移动时间与残余力关系图

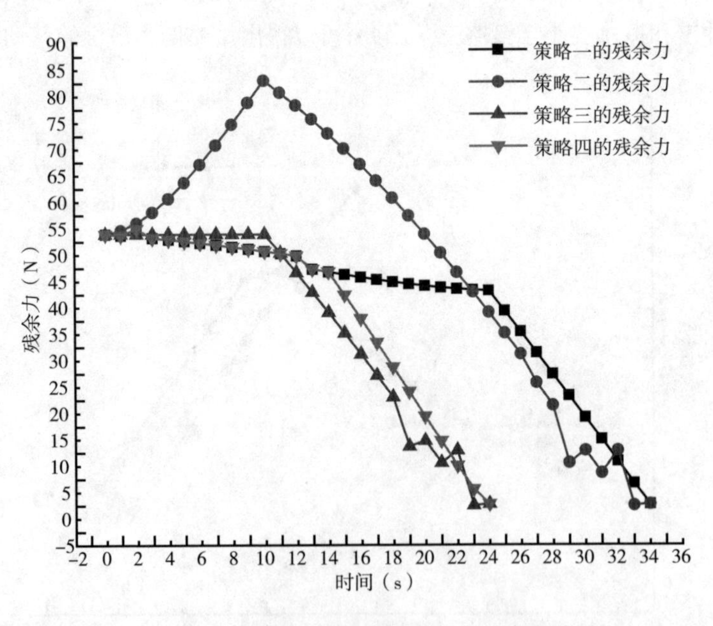

图 6.21　二、三象限配重块移动时间与残余力关系图

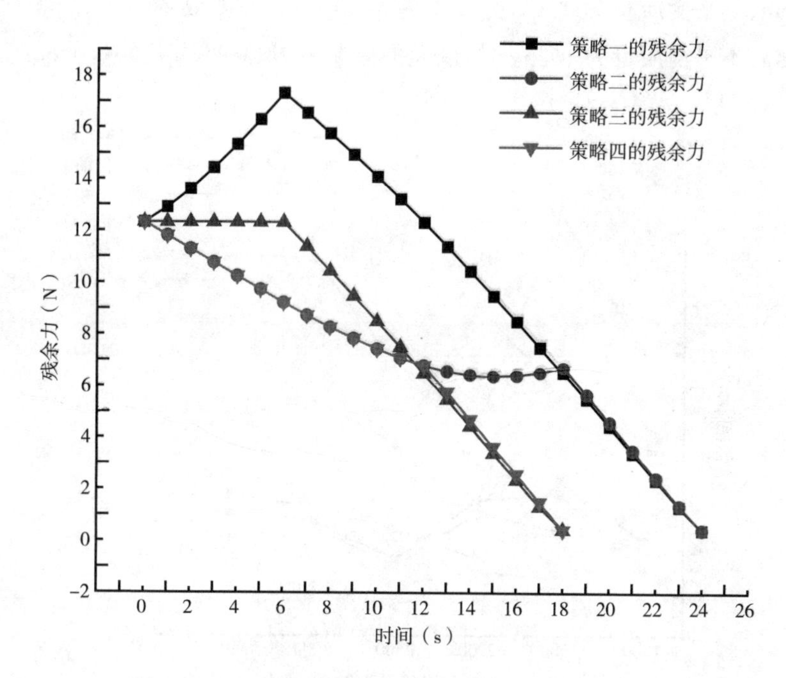

图6.22 一、四象限配重块移动时间与残余力关系图

再来分析前面四种情况,即两个配重块在同一个象限之内。这时,我们可以把这四种情况分配到两个配重块在一、二象限和三、四象限的情况。因为无论两个配种块在任何的同一象限,配重块的移动策略与配重块在一、二象限和三、四象限的移动策略相同。

6.3.2 质量补偿策略优化实验

分别用两种对平衡装置对上述实验条件进行实验,可以得到两种动平衡装置在未优化平衡下的平衡振幅,如图6.23、图6.24所示。

从图6.23、图6.24中可知,在三种不同的外加质量块下两种动平衡装置平衡前后的振幅。由于实验平台的共振,两者皆在1500r/min时的振幅波动较大。电磁式平衡前的最大振幅出现在转速为1500r/min,不平衡质量为27.5g时,最大为26.98μm。最小振幅出现在转速为1000r/min,不平衡质量为16.5g时,最小为4.15μm。平衡效率最大出现在转速为3000r/min,不平衡质量为27.5g时,最大平衡率为66%,平均平衡率为57.99%。机械式平衡前的最大振幅出现在转速为2500r/min,不平衡质量为16.5g时,最大为77.86μm。最小振幅出现在转速为

1000r/min,不平衡质量为 11g 时,最小为 7.93μm。平衡效率最大出现在转速为 1000r/min,不平衡质量为 16.5g 时,最大平衡率为 74%,平均平衡率为 60.25%。

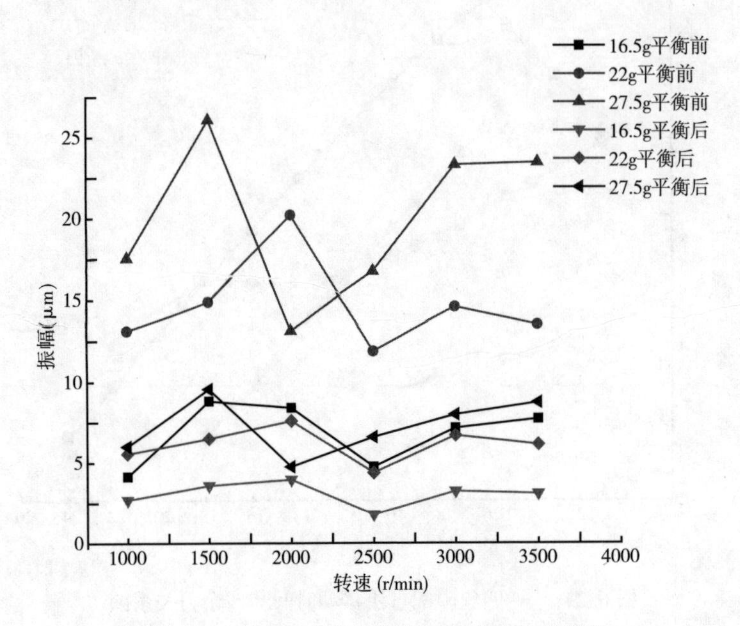

图 6.23　电磁式未优化平衡下平衡前后的振幅

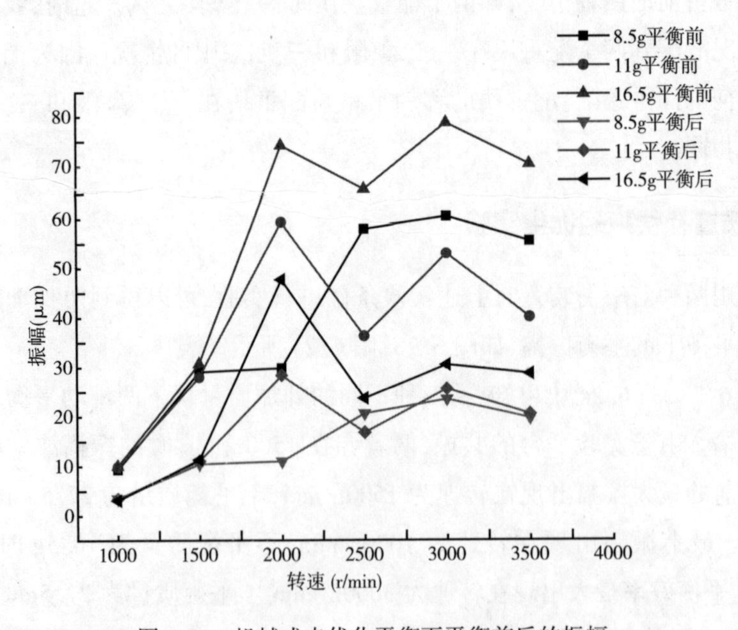

图 6.24　机械式未优化平衡下平衡前后的振幅

两种动平衡装置未优化平衡，需要对其优化平衡。初始条件与未优化平衡的条件相同，优化平衡则是驱动平衡装置中的两个配重块准确地到达用遗传算法计算出的相位。在优化平衡时，设定一个相位零点，然后用手动模式驱动配重块到达指定的相位，因此机械式动平衡装置没有未优化和优化平衡的配重块相位对比。表6.9是电磁式未优化平衡时两个配重块的相位，表6.6是电磁式优化平衡时两个配重块的相位。

从表6.6与表6.9得知，未优化平衡时，两个配重块的相位分布在优化平衡的相位周边，但是没有优化平衡的相位精确，且优化平衡时两个配重块合力的相位与不平衡质量的相位呈180°，这就最大限度地抑制了主轴的不平衡。未优化平衡与优化平衡的配重块的相位属于合理的区间。由于优化平衡是由遗传算法得到，因此，两个配重块的相位在三种不同的外加质量块、不同转速的情况下，相位的波动更小，相位更精细。从实验对比得知，计算出的相位会更加合理。未优化平衡与优化平衡最大的不同体现在主轴的振动幅度上，图6.25和图6.26是电磁式和机械式未优化平衡与优化平衡下振幅的对比。

从图6.25和图6.26可以看出，在遗传算法上得到配重块的准确相位之后，驱动配重块到达该相位之后，主轴的振幅有下降的趋势。在电磁滑动平衡装置上，由于振动幅值偏小，未优化平衡之后的振幅已经较低了，因此，在优化平衡之后，振幅有所下降，但下降的幅度不大，平均下降20.60%，最高可以下降29.64%。

表6.9 电磁式未优化平衡时配重块相位

转速(r/min)	16.5g质量块相位(°)		22g质量块相位(°)		27.5g质量块相位(°)	
	A	B	A	B	A	B
1000	120	270	150	280	160	280
1500	45	260	50	275	25	265
2000	60	170	60	180	65	185
2500	195	340	220	330	230	350
3000	100	220	120	230	120	230
3500	140	295	150	270	160	280

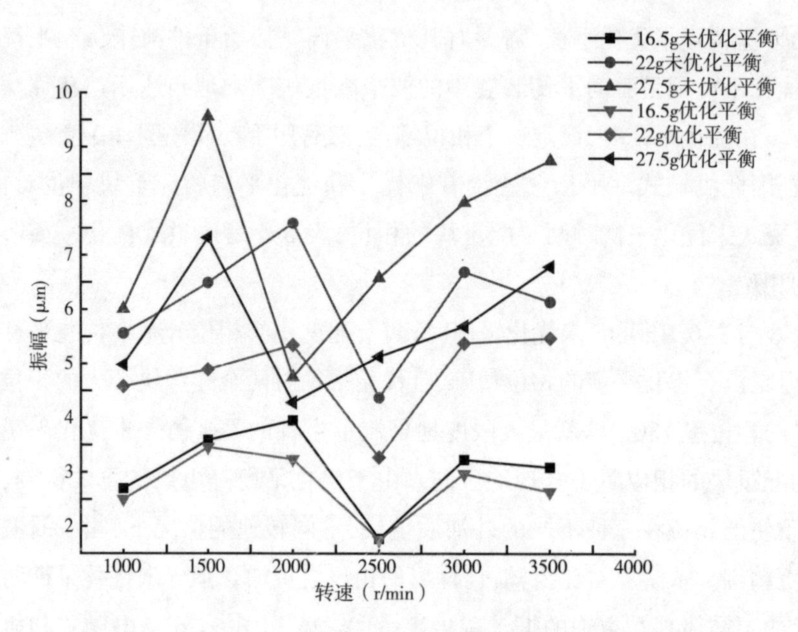

图 6.25　电磁式动平衡装置优化前后平衡振幅对比

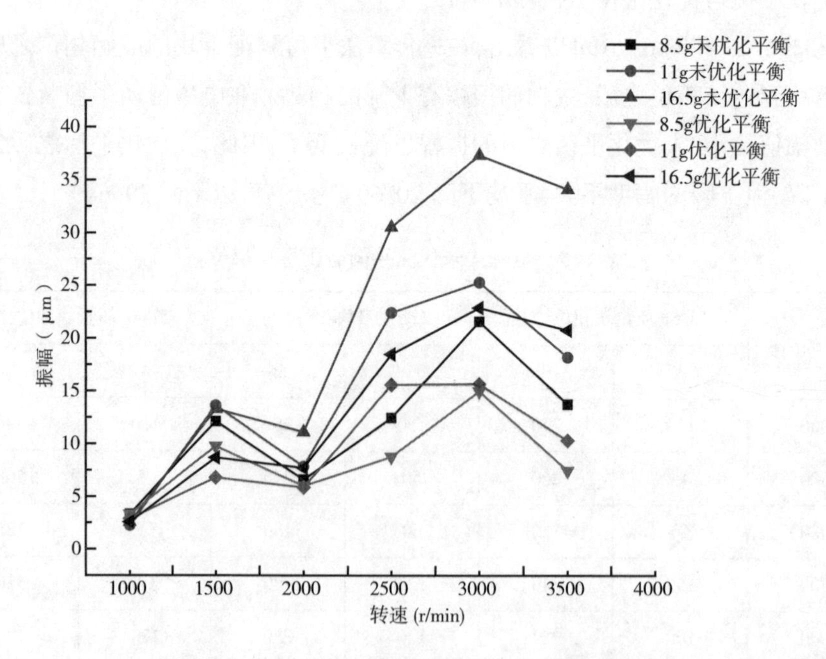

图 6.26　机械式动平衡装置优化前后平衡振幅对比

在机械式动平衡装置上可以看出振幅明显的下降，由于机械式动平衡装置相较于电磁滑环式，未平衡之前的振幅大，且未优化平衡之后的振幅也偏大，因此，在优化平衡后，把配重块旋转到用遗传算法得出的准确相位之后，振幅有明显的下降趋势。在转速低的时候，主轴的振动幅值较低，不管是优化平衡还是未优化平衡，都未能使主轴的振幅有较大的下降。但随着转速的上升，主轴的振动幅值大幅上升，未优化平衡时，主轴的幅值已经下降了一部分，但经过优化平衡，主轴的振幅较未优化平衡又有所下降，平均下降 30.39%，最高下降 50.18%。

表 6.10 和表 6.11 展示的是未优化平衡时间与优化平衡时间的比较，由于设备的老化和实际工况的原因，不管是未优化平衡还是优化平衡的时间都要远超出平衡的理论时间。在电磁式未优化平衡下，平衡时间最长的在 3500r/min 的时候，需要 45s。而优化平衡时间最短在 3000r/min，需要 30s，平衡时间平均下降 33%，最高可下降 57.14%。在机械式的未优化平衡下，平衡时间最长在 2000r/min，需要 61s，而优化平衡时间最短在 3000r/min，需要 42s，平衡时间平均下降 31.72%，最高可下降 43.86%。

表 6.10 电磁式平衡时间对比

转速(r/min)	未优化平衡时间(s)	优化平衡时间(s)	理论时间(s)	时间差(s)
1000	25	25	18	0
1500	28	22	17	6
2000	35	15	10	20
2500	24	12	3	12
3000	40	30	20	10
3500	45	25	13	20

表 6.11 机械式平衡时间对比

转速(r/min)	未优化平衡时间(s)	优化平衡时间(s)	理论时间(s)	时间差(s)
1000	41	30	19.6	11
1500	45	33	20.4	12
2000	61	40	19.6	21
2500	55	36	20	19
3000	57	42	20	25
3500	50	38	22	12

6.3.3 实验结果分析

用两种内装式动平衡装置来验证提出的质量补偿优化方法,确定出两个配重块在不同象限时需要在四种移动策略中,从平衡时间和平衡时对主轴的冲击方面考虑,经过实验和模拟得到第四种移动策略在四种移动策略中最优。实验结果证明,基于遗传算法配重块的质量补偿优化方法提高主轴的平衡精度,相较于未优化平衡,两种动平衡装置在优化平衡下可以使主轴的振动幅值进一步的下降,平衡时间减少。精确的移动配重块的相位,可以降低在未优化平衡下的振动幅值。对于机械式内置式动平衡装置,这种方法适用性很好,因为机械式动平衡装置是应用力的平衡。电磁滑环式动平衡装置一般是运用影响系数法来平衡主轴的不平衡量。

6.4 本章小结

本章主要介绍了主轴系统用动平衡装置的质量补偿策略以及优化方案。第 1 节主要介绍了主轴系统在动平衡装置的质量补偿策略,并用实验确定了最优的动平衡质量补偿策略。第 2 节主要介绍了动平衡装置质量补偿策略的优化,通过优化方法确定质量块最优的移动角度获得最小的残余不平衡量。第 3 节主要介绍了在线动平衡策略的优化实验与分析。通过本章的介绍能够了解主轴系统动平衡质量补偿的最优方案,进而提升动平衡的质量和效率。

参考文献

[1]钱学毅,周欣明,吴双. 机床主轴系统的振动特性分析[J].机床与液压,2009,37(5):38-41.

[2]乔晓利,祝长生. 砂轮不平衡振动主动控制的实验研究[J].振动工程学报,2017,30(1):55-61.

[3]汪顺利,丁毓峰,王琳. 基于 LabVIEW 的机床主轴振动测量与分析[J].组合机床与自动化加工技术,2014(2):32-35.

[4]王正浩,孙成岩,刘大任,等. 基础柔性的转子系统振动模态分析[J].沈阳建筑大学学报(自然科学版),2013(2):367-371.

[5]曾庆猛,王翚,温淑媛. 现场高速动平衡技术在大型锅炉风机振动处理中的应用[J].热能动力工程,2017,32(4):126-129.

[6]董祉序,王可,武国奎,等. 平衡面轴向位置对影响系数动平衡法的影响[J].机床与液压,2015,43(17):110-113.

[7]LI B C,ANDREAS H. The influence of transverse vibration in belt drives on displacement in the end of spindle[J].Modern Machinery,2015(379):189-193.

[8]曹晰,陈立芳,高金吉. 用于转子自动平衡的双盘电磁型平衡头移动控制方法研究[J].北京化工大学学报(自然科学版),2010,37(4):121-125.

[9]WANG K S,GUO D,HEYNS P S. The application of order tracking for vibration analysis of a varying speed rotor with a propagating transverse crack[J].Engineering Failure Analysis,2012,(21):91-101.

[10]赵学森,陈龙,李增强. 超精密机床主轴在线动平衡装置研究现状[J].航空精密制造技术,2014(5):6-9.

[11]王展,朱峰龙,涂伟,等. 高速主轴在线动平衡调控实验研究与特性分析[J].组合机床与自动化加工技术,2017(10):18-21.

[12]潘鑫,高金吉. 高端机床气压液体式与电磁滑环式自动平衡原理和方法的研

究[J].机械工程学报,2017(4):183.

[13]刘曦泽,段滋华,李多民. 转子动平衡技术的研究现状和进展[J].广东石油化工学院学报,2012,22(3):69-72.

[14]乔晓利,祝长生. 基于内置力执行器的砂轮不平衡振动主动控制[J].振动与冲击,2012,31(24):125-130.

[15]张仕海,伍良生,周大帅,等. 机床主轴内置式双面在线动平衡装置及系统[J].北京工业大学学报,2012,38(6):823-827.

[16]潘鑫,吴海琦,高金吉. 气压液体式磨床在线自动平衡装置结构设计与性能研究[J].振动与冲击,2014,33(23):20-23.

[17]蒋红琰,黄中浩,程峰,等. 高速电主轴系统的在线动平衡及其仿真研究[J].制造技术与机床,2009(4):47-51.

[18]王秋晓,伍昭富,付晓艳,等. 基于动态电磁力的主动式动平衡测量方法的研究[J].仪器仪表学报,2017,38(1):65-73.

[19]王展,朱峰龙,涂伟. 高速主轴动平衡技术研究现状[J].机电工程,2017,34(5):455-458.

[20]ZHI J J,JING M Q,FAN H W,et al.Study on Monitoring and Control System for Rotor Online Dynamic;Balancing Based on DSP&FPGA[C]//International Conference on Measuring Technology & Mechatronics Automation. IEEE Computer Society,2013.

[21]ZHOU D S,WU L S. The summarize of online balancing machine tool spindle[J]. Modern Manufacturing Engineering,2008,(7);121-124.

[22] MARPOSS. Balancingheads[EB/OL]. 2016-4-25. http://www. marposs. com/product. php/eng/grinding_wheel_balancer.

[23]HOFMANN. RingBalancerAB9000[EB/OL].2016-12-6. http://www. hofmann-balancing. co. uk/products/active - balancing - systems/ring - balancer - ab - 9000. html.

[24]MOON J K,KIM B S,LEE S H. Development of the active balancing device for high-speedspindle system using influence coefficients[J].International Journal of Machine Tools & Manufacture,2006,46:978-987.

[25]沈伟. 旋转机械主动平衡技术及工程应用研究[D].北京:北京化工大

学,2006.

[26]樊红卫,景敏卿,刘恒,等. 电磁环形自动平衡装置的结构设计与计算[J].机床与液压,2012,13:1-4.

[27]臧廷朋,温广瑞,廖与禾. 基于稳健回归分析的转子系统不平衡量识别[J].振动、测试与诊断,2016(1):126-130.

[28]STEPHEN W D,NI J. Adaptive influence coefficient control of single plane active balancing systems for rotating machinery[J].Journal of Manufacturing Science Engineering,2001,123(15):291-297.

[29]EHYAEI J,MOGHADDAM M M Dynamic response and stability analysis of an unbalanced flexible rotating shaft equipped with nautomatic ball-balancers[J]. Journal of Sound & Vibration,2009,321(3):554-571.

[30]郭俊华. 刚性转子动平衡技术及系统研究[D].昆明:昆明理工大学,2012.

[31]VEGTE JVD,LAKE R T. Balancing of rotating systems during operation[J].Journal of Sound and Vibration,1978,57(2):225-235.

[32]胡鑫,雷文平,韩捷. 进动分解在复合故障转子动平衡中的应用[J].机械设计与制造,2016(5):228-231.

[33]KONG L,LI Y,ZHAO Z. Numerical investigating nonlinear dynamic responses to rotating deep-hole drilling shaft with multi-span intermediate supports[J].International Journal of Non-Linear Mechanics,2013,55(10):170-179.

[34]张珂,李桐,邓华波,等. 一种电主轴在线动平衡测试算法[J].沈阳建筑大学学报(自然科学版),2016,(1):148-155.

[35]杨博,范弘. 基于LabVIEW和MATLAB的超声仿真信号的小波去噪技术[J].计测技术2013(b11):34-38.

[36]王捷,关成准,关成斌. 基于LabVIEW的数字滤波器示教软件设计[J].电脑与电信,2014(1):64-66.

[37]刘晓,王红星,刘传辉. 基于椭圆球面波函数的数字带通滤波器设计[J].电讯技术,2016,56(2):176-182.

[38]何蕴良,耿淑琴,汪金辉. 基于Verilog的FIR数字滤波器设计与仿真[J].现代电子技术,2016,39(10):1-4.

[39]李敏,徐艳. 基于Matlab的IIR数字滤波器设计[J].信息通信,2016(4):

95-97.

[40]周学军. 基于 Matlab 的模拟滤波器设计与仿真[J].现代电子技术,2010,33(8):62-63.

[41]PARHI K K,MESSERSCHMITT D G. Pipeline interleaving and parallelism in recursive digital filters. Ⅱ. Pipelined incremental block filtering[J]. Acoustics Speech & Signal Processing IEEE Transactions on,2015,37(7):1118-1134.

[42]GRANDKE T. Interpolation algorithms for discrete Fourier transform of weighted signals. [J]. IEEE Transactions on Instrumentation & Measure, 2007, 32(2): 350-355.

[43]周鹏,许钢,马晓瑜. 精通 LabVIEW 信号处理[M].北京:清华大学出版社,2013.

[44]BABU P,STOIC P. Spectral analysis of non-uniformly sampled data review[J]. Digital Signal Processing,2010,20(2):359-378.

[45]徐娟,罗轶超,张利,等. 在线动平衡中振动信号提取方法研究[J].电子测量与仪器学报,2012,26(11):972-976.

[46]李舜酩,郭海东,李殿荣. 振动信号处理方法综述[J].仪器仪表学报,2013,34(8):1907-1915.

[47]张俊敏,刘开培,汪立. 基于乘法窗函数的插值 FFT 的谐波分析方法[J].电力系统保护与控制,2016,44(13):1-5.

[48]李传江,费敏锐,张自强. 高精度动平衡测量中不平衡信号提取方法研究[J].振动与冲击,2012,31(14):124-127.

[49]邹进,曹茜红,韩迎春,等. 基于自适应噪声抵消的微弱振动信号提取方法[J].探测与控制学报,2015(5):47-50.

[50]陈俊杰,王晓峰,刘飞. 针对滚动轴承故障诊断的新时频特征提取方法[J].机械传动,2016(7):126-131.

[51]舒张平,徐科军,邵春莉. 基于互相关分析的低雷诺数涡街流量计设计[J].电子测量与仪器学报,2016,30(12):1974-1981.

[52]张正文,赵晓晴,尹波,等. 基于递归最小追踪的噪声互功率谱估计算法[J].科学技术与工程,2016,16(10):164-166.

[53]于梅,孙桥,冯源,等. 正弦逼近法振动传感器幅相特性测量技术的研究[J].

计量学报,2004,25(4):344-348.

[54]刘泽曦,段滋华,李多民. 转子动平衡技术的研究现状和进展[J].广东石油化工学院学报,2012,22(3):69-72.

[55]赵学森,陈龙,李增强. 超精密机床主轴在线动平衡装置研究现状[J].航空精密制造技术,2014,50(5):6-9.

[56]GUSAROV A A,SSCCOL C,SHATALOV L N. Automatic balancing of rotor [C]. 2nd Intl. Conference on Vibration in Rotating Machinery,London:Institution of Mechanical Engineers,1980:457-461.

[57]RODRIGUES D J,CHAMPNEYS A R, FRISWELL M I. Experimental investigation of a single-plane automatic balancing mechanism for a rigid rotor [J].Journal of Sound and Vibration,2011,330:385-403.

[58]周继明,欧阳光耀. 动不平衡质量不停机自动切除初探[J].传感器技术,1998,17(4):13-16.

[59]李红伟,徐旸,谷会东,等. 电磁轴承-挠性转子系统的本机动平衡方法[J].中国机械工程,2008,19(12):1419-1422.

[60]顾超华,曾胜,罗迪威,等. 一种机械式在线平衡头的设计与实验研究[J].振动与冲击,2014,33(12):151-155.

[61]章云,梅雪松,胡振邦,等. 注液式高速切削主轴动平衡装置设计及其性能研究[J].西安交通大学学报. 2013,47(03):13-17.

[62]曹晰,陈立芳,高金吉. 用于转子自动平衡的双盘电磁型平衡头移动控制方法研究[J].北京化工大学学报(自然科学版). 2010,37(4):121-125.

[63]KHULIEF Y A, MOHIUDDIN M A, M. El-Gebeily, Hyeong Joon Ahn. A New Method for Field-Balancing of High-Speed Flexible Rotors without Trial Weights [J].International Journal of Rotating Machinery,2014,2014:11.

[64]RAJ A S,MURALI N. Early Classification of Bearing Faults Using Morphological Operators and Fuzzy Inference[J].IEEE Transactions on Industrial Electronics, 2013,60(2):567-574.

[65]Hofmann. Ring Balancer AB9000 [EB/OL].[2016-4-25].http ://www. hofmann-balancing. co. uk/products/active-balancing-systems/ring-balancer-ab-9000. html.

[66]郭俊华.刚性转子动平衡技术及系统研究[D].昆明:昆明理工大学,2012.

[67]钟一谔,何衍宗,王正,等.转子动力学[M].北京:清华大学出版社,2008.

[68]陶利民.转子高精度动平衡测试与自动平衡技术研究[D].长沙:国防科学技术大学,2006.

[69]GOODMAN T P.A Least-Squares Method for Computing Balance Corrections[J]. Journal of Manufacturing Science &Engineering,1964,86(3):273-277.

[70]DYER S W,NI J. Adaptive Influence Coefficient Control of Single-Plane Active BalancingSystems for Rotating Machinery[J].Journal of Manufacturing Science & Engineering,2001,123(2):291-298.

[71]梅雪松,章云,杜喆.机床主轴高精度动平衡技术[M].北京:科学出版社,2015.

[72]XU X,FAN P P.Rigid Rotor Dynamic Balancing by TwoPlane Correction with the Influence Coefficient Method[J].Applied Mechanics & Materials,2013,365-366:211-215.

[73]谢志江,唐一科,李远友.转子双面现场动平衡的不卸试重平衡法[J].重庆大学学报(自然科学版),2002,25(9):101-103.

[74]ZHANG S,ZHANG Z. A method to select correcting faces of a double-face dynamic balancing rotor[J]. Advances in Mechanical Engineering,2016,8(12):1-9.

[75]宾光富,何立东,高金吉,等.基于模态振型分析的大型汽轮机低压转子高速动平衡方法[J].振动与冲击,2013,32(14):87-92.

[76]SALD A R R IAGA M V,STEFFEN V,HAGOPIAN J D,et al. On the balancing of flexible rotating machines by using an inverse problem approach[J]. Journal of Vibration & Control,2011,17(7):1021-1033.

[77]ZACHWIEJA J. The effectiveness of modal balancing of flexible rotors[J]. Diagnostyka,2015,16(3):79-87.

[78]LIU S. A modified low-speed balancing method for flexible rotors based on holospectrum[J]. Mechanical Systems & Signal Processing,2007,21(1):348-364.

[79]陈习珍.故障诊断技术在鼓风机振动分析中的应用与探讨[J].风机技术,2009(3):63-66.

[80]章璟璇,唐云冰,罗贵火.最小二乘影响系数法的优化改进[J].南京航空航天大学学报,2005,37(1):110-113.

[81]王星星,吴贞焕,杨国安,等.基于改进粒子群算法的最小二乘影响系数法的理论及实验研究[J].振动与冲击,2013,32(8):100-104.

[82]QIAO X,HU G. Active Control for Multinode Unbalanced Vibration of Flexible Spindle Rotor System with Active Mag netic Bearing[J]. Shock and Vibration, 2017(12):1-9.

[83]MOON J D,KIM B S,LEE S H. Development of the active balancing device for high-speed spindle system using influence coefficients[J]. International Journal of Machine Tools& Manufacture,2006,46(9):978-987.

[84]陈曦,廖明夫,张霞妹,等.大涵道比涡扇发动机低压转子现场动平衡技术[J].航空动力学报,2017,32(4):808-819.

[85]BISHOP R E D,GLADWELL G M L. The Vibration and Balancing of an Unbalanced Flexible Rotor[J]. ARCHIVE Journal of Mechanical Engineering Science, 1959,1(1):66-77.

[86]KELLENBERGER W. Should a Flexible Rotor Be Balanced in N or(N+2) Planes [J]. Journal of Engineering for Industry,1972,94(2):548.

[87]陈曦,廖明夫,刘展翅,等.一种弹性支撑柔性转子模态动平衡方法[J].南京航空航天大学学报,2016,48(3):402-409.

[88]LIU C,LIU G. Field Dynamic Balancing for Rigid Rotor-AMB System in a Magnetically Suspended Flywheel[J]. IEEE/ASME Transactions on Mechatronics, 2016,21(2):1140-1150.

[89]EL-SHAFEI A,EL-KABBANY A S,YOUNAN A A.Rotor Balancing Without Trial Weights[J]. Journal of Engineering for Gas Turbines & Power,2004,126(3):1117-1124.

[90]LI X,ZHENG L,LIU Z. Balancing of flexible rotors without trial weights based on finite element modal analysis[J].Journal of Vibration & Control,2012,19(3):461-470.

[91]KHULIEF Y A,OKE W,MOHIUDDDIN M A.Modally Tuned Influence Coefficients for Low-Speed Balancing of Flexible Rotors[J].Journal of Vibration & Acoustics, 2014,2(2):858-862.

[92]李晓丰,郑龙席,刘振侠．柔性转子无试重模态动平衡方法与试验[J].振动、

测试与诊断,2013,33(4):565-570.

[93]王维民,高金吉,江志农,等.旋转机械无试重现场动平衡原理与应用[J].振动与冲击,2010,29(2):212-215,232.

[94]刘钢旗,郑龙席,梅庆,等.一种跨二阶柔性转子无试重模态平衡方法[J].航空学报,2014,35(4).

[95]宾光富,李学军,沈意平,等.基于动力学有限元模型的多跨转子轴系无试重整机动平衡研究[J].机械工程学报,2016,52(21):78-86.

[96]章云,梅雪松,邹冬林,等.应用动力学模型的高速主轴无试重动平衡方法[J].西安交通大学学报,2011,45(7):34-37.

[97]BIN G,LI X,WU J,et al. Virtual dynamic balancing method without trial weights for multi-rotor series shafting based on finite element model analysis[J]Journal of Renewable& Sustainable Energy,2014,6(4):130-136.

[98]WANG Y,FANG J,ZHENG S. A Field Balancing Technique Based on Virtual Trial-Weights Method for a Magnetically Levitated Flexible Rotor[J]. Journal of Engineering for Gas Turbines & Power,2014,136(9):1-7.

[99]屈梁生,邱海,徐光华.全息动平衡技术:原理与实践[J].中国机械工程,1998,9(1):60-63.

[100]刘石,屈梁生.全息谱技术在轴系现场动平衡方法中应用[J].热能动力工程,2009,24(1):24-30.

[101] ZHANG Y,MEI X,SHAO M,et al. An improved holospec trum-based balancing method for rotor systems with aniso tropic stiffness[J]. Proceedings of Institution of MechanicalEngineers Part C Journal of Mechanical Engineering Science,2013,227(2):246-260.

[102]刘淑莲,李强,郑水英.基于全息谱分析的非线性转子系统不平衡量识别[J].机械工程学报,2010,46(17):62-67.

[103]TAN S G,WANG X X. A Theoretical Introduction to Low Speed Balancing of Flexible Rotors: Unification and Development of the Modal Balancing and Influence Coefficient Techniques[J]. Journal of Sound & Vibration,1993,168(3):385-394.

[104]章云,梅雪松.机床柔性主轴转子低速无试重动平衡方法研究[J].西安交通

大学学报,2016,50(4):89-93.

[105]杨建刚,谢东建. 基于多传感器数据融合的动平衡方法研究. 动力工程[J]. 2003,23(2):2275-2278.

[106]牟世刚,冯显英,晏志文,等. 基于小波分析的动平衡机不平衡量提取方法研究[J].山东大学学报(工学版),2011,41(03):62-71.

[107]李军,万文军. 一种基于序列零初相位调制的新型正弦信号频率测量方法[J].自动化学报,2016,42(10):1585-1594.

[108]张彦,何龙. 电涡流式振动位移传感器的应用[J].可编程控制器与工厂自动化,2013(5):64-67.

[109]陈非凡,吴燕瑞,杜建军. 基于虚拟仪器的现场动平衡测试系统研究[J].装备制造技术,2011(6):40-42.

[110]王兆华,黄翔东. 数字信号全相位谱分析与滤波技术[M].北京:电子工业出版社,1998.

[111]黄翔东,王兆华. 全相位 FFT 相位测量法的抗噪性能[J].数据采集与处理,2011,26(3):286-291.